essentials

essentials liefern aktuelles Wissen in konzentrierter Form. Die Essenz dessen, worauf es als „State-of-the-Art" in der gegenwärtigen Fachdiskussion oder in der Praxis ankommt. *essentials* informieren schnell, unkompliziert und verständlich

- als Einführung in ein aktuelles Thema aus Ihrem Fachgebiet
- als Einstieg in ein für Sie noch unbekanntes Themenfeld
- als Einblick, um zum Thema mitreden zu können

Die Bücher in elektronischer und gedruckter Form bringen das Fachwissen von Springerautor*innen kompakt zur Darstellung. Sie sind besonders für die Nutzung als eBook auf Tablet-PCs, eBook-Readern und Smartphones geeignet. *essentials* sind Wissensbausteine aus den Wirtschafts-, Sozial- und Geisteswissenschaften, aus Technik und Naturwissenschaften sowie aus Medizin, Psychologie und Gesundheitsberufen. Von renommierten Autor*innen aller Springer-Verlagsmarken.

Susanne Schindler-Tschirner ·
Werner Schindler

Mathematische Geschichten V – Binome, Ungleichungen und Beweise

Für begabte Schülerinnen und
Schüler in der Mittelstufe

 Springer Spektrum

Susanne Schindler-Tschirner
Sinzig, Deutschland

Werner Schindler
Sinzig, Deutschland

ISSN 2197-6708   ISSN 2197-6716   (electronic)
essentials
ISBN 978-3-662-65404-0   ISBN 978-3-662-65405-7   (eBook)
https://doi.org/10.1007/978-3-662-65405-7

Die Deutsche Nationalbibliothek verzeichnet diese Publikation in der Deutschen Nationalbiblio-
grafie; detaillierte bibliografische Daten sind im Internet über http://dnb.d-nb.de abrufbar.

Planung/Lektorat: Iris Ruhmann
Springer Spektrum ist ein Imprint der eingetragenen Gesellschaft Springer-Verlag GmbH, DE
und ist ein Teil von Springer Nature.
Die Anschrift der Gesellschaft ist: Heidelberger Platz 3, 14197 Berlin, Germany

Was Sie in diesem *essential* finden können

- Lerneinheiten in Geschichten
- Vollständige Induktion
- Geometrie am Kreis
- Binomische Formeln für beliebige natürliche Exponenten
- Ungleichungen
- Beweise
- Musterlösungen

Vorwort

Die Aufgabenstellungen und der Erzählkontext der Bände I und II der „Mathematischen Geschichten" (Schindler-Tschirner & Schindler, 2019a, b) waren auf mathematisch begabte Schülerinnen und Schüler der Grundschule zugeschnitten, genauer gesagt, auf die Klassenstufen 3 und 4. Zwei Jahre später folgten die Bände III und IV (Schindler-Tschirner & Schindler, 2021a, b) für mathematisch begabte Schülerinnen und Schüler in der Unterstufe (Klassenstufen 5 bis 7). Die positive Resonanz auf die ersten vier Bände hat uns ermutigt, die Reihe thematisch fortzusetzen. Dieses *essential* und Band VI der „Mathematischen Geschichten" (Schindler-Tschirner & Schindler, 2022) richten sich an mathematisch begabte Schülerinnen und Schüler in der Mittelstufe (Klassenstufen 8 bis 10). Die „Mathematischen Geschichten" können auch von Schülerinnen und Schülern mit Gewinn bearbeitet werden, die älter als die jeweils avisierte Zielgruppe sind.

Wir haben uns entschieden, die Konzeption und Ausgestaltung der Grundschul- und Unterstufenbände fortzuführen. In sechs Aufgabenkapiteln werden mathematische Techniken motiviert und erarbeitet und zum Lösen einfacher wie anspruchsvoller Aufgaben angewandt. Weitere sechs Kapitel enthalten vollständige Musterlösungen und Ausblicke über den Tellerrand. Der Erzählkontext ist auf die neue Zielgruppe zugeschnitten.

Auch mit diesem *essential* möchten wir einen Beitrag leisten, Interesse und Freude an der Mathematik zu wecken und mathematische Begabungen zu fördern.

Sinzig   Susanne Schindler-Tschirner
im Juni 2022   Werner Schindler

Inhaltsverzeichnis

Einführung

Die „Mathematischen Geschichten" gehen weiter! In diesem *essential* und im Folgeband (Schindler-Tschirner & Schindler, 2022) können Mittelstufenschülerinnen und -schüler die Protagonisten Anna und Bernd weiterhin auf ihrem Weg begleiten. Die bewährte Struktur der Vorgängerbände wurde beibehalten: Sechs Aufgabenkapiteln folgen sechs Musterlösungskapitel, die auch didaktische Anregungen und Ausblicke enthalten und mathematische Zielsetzungen ansprechen. Beide *essentials* richten sich an Leiterinnen und Leiter[1] von Arbeitsgemeinschaften, Lernzirkeln und Förderkursen für mathematisch begabte Schülerinnen und Schüler der Mittelstufe, an Lehrkräfte, die differenzierenden Mathematikunterricht praktizieren, an Lehramtsstudierende, aber auch an engagierte Eltern für eine außerschulische Förderung. Im Aufgabenteil wird der Leser mit „du", in den Musterlösungen mit „Sie" angesprochen.

1.1 Mathematische Ziele

Dieses *essential* und der Folgeband (Schindler-Tschirner & Schindler, 2022) schließen sich in Aufbau und Konzeption den Grundschulbänden I und II (Schindler-Tschirner & Schindler, 2019a, b) und den Unterstufenbänden III und IV der „Mathematischen Geschichten" (Schindler-Tschirner & Schindler, 2021a, b) an. Mit den beiden *essentials* können Begabten-AGs aus der Unterstufe fortgesetzt, aber selbstverständlich auch in der Mittelstufe neu begonnen werden. Das Arbeiten mit diesem *essential* verlangt keine besonderen Schulbücher.

---

[1] Um umständliche Formulierungen zu vermeiden, wird im Folgenden meist nur die maskuline Form verwendet. Dies betrifft Begriffe wie Lehrer, Kursleiter, Schüler etc. Gemeint sind jedoch immer alle Geschlechter.

Die Referenz (Ulm & Zehnder, 2020) widmet sich ausführlich der Begabtenförderung innerhalb des Mathematikunterrichts in der Sekundarstufe I und II. Auf
S. 219 stellen die Autoren heraus, dass die „Möglichkeiten schulischer Förderung
aber nicht nur auf den regulären Unterricht beschränkt [sind]. Über diesen hinaus sollten besonders begabte Schüler von ihrer Mathematiklehrkraft bzw. in der
Schule vielfältige mathematikspezifische Förderung erhalten. Die Schüler können
beispielsweise selbstständig Inhalte erarbeiten, die über den Lehrplan hinausgehen." Aus Sicht von Ulm et al. ist gerade in der Mittelstufe eine gezielte Förderung
mathematisch begabter Schüler sehr wichtig.

Wie ihre Vorgängerbände gehen beide *essentials* nicht weiter auf allgemeine
didaktische Überlegungen und Theorien zur Begabtenförderung ein. Das Literaturverzeichnis enthält aber für den interessierten Leser eine Auswahl einschlägiger
didaktikorientierter Publikationen.

Die Schüler lernen auch in diesem *essential* und in den „Mathematischen
Geschichten VI" neue mathematische Methoden und Techniken kennen und anzuwenden, die der Zielgruppe angepasst sind. Dazu dienen Aufgaben aus unterschiedlichen Themengebieten in vielseitigen und sorgfältig ausgearbeiteten Lerneinheiten.
Das durchgängige Element aller sechs *essential*-Bände ist das Führen von Beweisen, was in der Mathematik von zentraler Bedeutung ist. Zu allen Kapiteln gibt es
vollständige Musterlösungen samt konkreter Vorschläge zur Umsetzung der Lerneinheiten in Form didaktischer Anregungen. Im Erzählkontext treten die Protagonisten Anna und Bernd auf, die die Schüler bereits in den Vorgängerbänden begleitet
haben. Deren Charaktere haben sich im Lauf der Zeit entsprechend dem Alter der
Mittelstufenschüler weiterentwickelt.

Die Aufgaben in diesem *essential* sind viel herausfordernder als die Aufgaben,
die in Schulbüchern behandelt werden können und von leistungsstarken Schülern
normalerweise nur wenig Anstrengung abverlangen. Dies stellt zugleich Motivation und Herausforderung dar. Neben den mathematischen Fähigkeiten fördert die
Beschäftigung mit den Aufgaben so wichtige „Softskills" wie Geduld, Ausdauer und
Zähigkeit, aber auch Neugier und Konzentrationsfähigkeit; man vergleiche hierzu
auch entsprechende Ausführungen in (Neubauer & Stern, 2007, S. 7), zur allgemeinen Begabtenförderung.

Die Lösung der gestellten Aufgaben erfordert ein hohes Maß an mathematischer
Phantasie und Kreativität. Beides wird durch die regelmäßige Beschäftigung mit
mathematischen Problemen gefördert. Dabei kommt dem Wiedererkennen bekannter Strukturen und Sachverhalte, auch in modifizierter Form, wie dem Transfer
bekannter Strukturen große Bedeutung zu. Die Schüler werden in den Aufgabenkapiteln noch mehr als in den Vorgängerbänden hingeführt, die Lösungen möglichst
selbstständig zu erarbeiten. Dennoch bleibt eine gezielte Hilfestellung durch den

Kursleiter wichtig. Die Aufgaben sollen bei den Schülern die Freude am Problem-
lösen wecken bzw. steigern und das mathematische Denken fördern.

Das zentrale Element aller Aufgabenkapitel ist ein „alter MaRT-Fall", wobei
MaRT für „Mathematische Rettungstruppe" steht. Alte MaRT-Fälle sind normalerweise relativ schwierige (Realwelt-)probleme, die mathematische Techniken benötigen und motivieren, die im jeweiligen Kapitel eingeführt werden. Die alten MaRT-
Fälle werden meist erst gegen Ende des Kapitels gelöst, nachdem die Schüler die
neuen Methoden verstanden und zunächst an einfacheren Beispielen eingeübt und
vertieft haben. Kap. 2 und 3 befassen sich ausgiebig mit der vollständigen Induktion, einer universellen Beweismethode, die in unterschiedlichen mathematischen
Gebieten nutzbringend eingesetzt wird. Die Schüler wenden die vollständige Induktion in unterschiedlichen Kontexten an und gewinnen so einen ersten Eindruck von
der vielseitigen Anwendbarkeit. Kap. 4 behandelt ebene Geometrie, wobei Kreise
im Fokus stehen. In den Anwendungsaufgaben werden aus dem Schulunterricht
bekannte Techniken kombiniert, und außerdem lernen die Schüler den Peripheriewinkelsatz und den Mittelpunktswinkelsatz kennen. In Kap. 5 und 6 werden Verallgemeinerungen der aus der Schule bekannten binomischen Formeln für beliebige
natürliche Exponenten eingeführt und bewiesen. Eine Vielzahl zahlentheoretischer
Anwendungen illustrieren die reichhaltige Palette der Anwendungsmöglichkeiten.
Das letzte Aufgabenkapitel, Kap. 7, befasst sich mit Ungleichungen. Der Schwerpunkt wurde exemplarisch auf die GM-AM-QM-Ungleichung gelegt, mit der u. a.
verschiedene Extremwertaufgaben gelöst werden.

In Tab. II.1 findet der Leser eine Zusammenstellung, welche mathematischen
Techniken in den einzelnen Kapiteln eingeführt werden. In den Musterlösungen
bieten die „Mathematischen Ziele und Ausblicke" einen Blick über den Tellerrand
hinaus.

Am Ende der Mittelstufe (im G8-Schulmodell sogar schon am Ende von Klasse 9)
entscheiden die Schüler über ihre individuellen Schwerpunktsetzungen in der Oberstufe. Damit einher geht eine erste Orientierung auf mögliche Studienrichtungen, so
dass die nachhaltige Förderung der Schüler für eine (auch spätere) Beschäftigung
mit Mathematik und anderen MINT-Fächern eine noch wichtigere Rolle spielt als
in den Vorgängerbänden. Es wurde bereits erwähnt, dass die Aufgaben nicht nur
mathematische Fähigkeiten fördern, sondern auch Softskills wie Geduld, Ausdauer
und Zähigkeit, die für nachhaltigen Erfolg in der Mathematik unverzichtbar sind.
Dies betrifft auch ein späteres Studium im MINT-Bereich.

Mathematisch begabte Schüler nehmen erfahrungsgemäß häufig an Mathematik-
Wettbewerben teil. Hierzu möchten wir ausdrücklich ermutigen! Wie seine Vorgängerbände kann dieses *essential* auch gezielt zur Vorbereitung auf Wettbewerbe verwendet werden. Dies betrifft zum einen die erlernten mathematischen Methoden

und Techniken, aber auch die Aufgaben, in denen diese Techniken Anwendung finden. Durch einen Landeswettbewerb Mathematik kommen viele Schüler erstmals mit Mathematikwettbewerben in Kontakt. Neben eher regionalen Wettbewerben wie z. B. die Fürther Mathematik-Olympiade (Verein Fürther Mathematik-Olympiade e. V. 2013; Jainta et al., 2018, 2020a, b) spielen primär die jährlich stattfindende Mathematikolympiade mit klassenstufenspezifischen Aufgaben (Mathematik-Olympiaden e. V., 1996–2016, 2017–2021) und der Bundeswettbewerb Mathematik (Specht et al., 2020) eine besondere Rolle. In den „Ausblicken" wird gelegentlich auf Originalaufgaben aus diesen beiden Wettbewerben hingewiesen. Der Bundeswettbewerb Mathematik spricht vor allem Oberstufenschüler an, aber es nehmen auch Mittelstufenschüler teil. Das Literaturverzeichnis enthält auch Aufgabensammlungen weiterer Mathematikwettbewerbe.

Erwähnen möchten wir den Känguru-Wettbewerb (Noack et al., 2014; Unger et al., 2020) und „Mathematik ohne Grenzen" (Akademie von Straßburg, 1989–2021), da an beiden Wettbewerben sehr viele Schüler teilnehmen und die Wettbewerbsformen außergewöhnlich sind. Der Känguru-Wettbewerb besteht aus Multiple-Choice-Aufgaben, während „Mathematik ohne Grenzen" ein Teamwettbewerb ist. In (Löh et al., 2019) und (Meier, 2003) liegt der Schwerpunkt auf dem Erlernen neuer mathematischer Methoden, aber auch auf dem Lösen konkreter Aufgaben. (Amann, 2017) enthält 300 sorgfältig ausgewählte Aufgaben für den Mathematikunterricht und Arbeitsgemeinschaften in der Sekundarstufe I samt Lösungen und mathematik-didaktischer Ausführungen. Erwähnen möchten wir ferner Monoid (Institut für Mathematik der Johannes-Gutenberg Universität Mainz, Monoid-Redaktion, 1981–2022). Monoid ist eine Mathematikzeitschrift für Schülerinnen und Schüler, die neben Aufgaben (für die Klassenstufen 5–8 und 9–13) auch schülergerechte Aufsätze zu mathematischen Themen enthält.

Es entspricht unserer Erfahrung, dass Schulen, die ihre Schüler durch AGs oder andere Initiativen fördern, bei überregionalen Mathematik-Wettbewerben ab der Mittelstufe mit überproportional vielen Teilnehmern vertreten sind. Als ehemaligen Stipendiaten der Studienstiftung des deutschen Volkes liegt uns Begabtenförderung besonders am Herzen. Wir möchten auch mit unseren beiden neuen *essential*-Bänden die Begabtenförderung unterstützen, Freude und Begeisterung an der Mathematik wecken und fördern und den Blick für die Schönheit und Bedeutung der Mathematik öffnen.

1.2   Didaktische Anmerkungen

Teil I dieses *essentials* besteht aus sechs Aufgabenkapiteln, in denen der Clubvorsitzende Carl Friedrich oder die stellvertretende Clubvorsitzende Emmy die beiden Protagonisten Anna und Bernd (und damit die Schüler) anleitet. Dies geschieht in Erzählform, normalerweise im Dialog mit Anna und Bernd, und natürlich durch die gestellten Übungsaufgaben.

Teil II besteht aus sechs Kapiteln mit vollständigen Musterlösungen der Aufgaben aus Teil I samt didaktischen Hinweisen und Anregungen zur Umsetzung in einer Begabten-AG, einem Lernzirkel oder für eine individuelle Förderung. Die aufgezeigten Lösungswege sind so konzipiert, dass sie prinzipiell auch für Nicht-Mathematiker nachvollziehbar sind, wenngleich ein stärkerer Bezug zur Mathematik notwendig erscheint als in den Vorgängerbänden. Die Musterlösungen sind für den Kursleiter etc. bestimmt. Allerdings dürften leistungsstarke Mittelstufenschüler in der Lage sein, die Musterlösungen zu verstehen und damit zumindest einzelne Teile des *essentials* selbstständig zu erarbeiten. Die Musterlösungskapitel enden mit dem Abschnitt „Mathematische Ziele und Ausblicke". Dort wird u. a. dargestellt, wo die erlernten mathematischen Techniken (meist in einer weiterentwickelten Form) Anwendung finden.

Auch von sehr leistungsstarken Schülern wird keineswegs erwartet, dass sie alle Aufgaben selbstständig lösen können. Es ist sehr wichtig, dass dies den Schülern von Anfang an verdeutlicht wird. Selbst die mathematisch sehr begabten Protagonisten Anna und Bernd benötigen gelegentlich Hilfe und können nicht alle Aufgaben lösen. Bei schwierigen Aufgaben kann es hilfreich sein, diese in kleinen Gruppen zu bearbeiten, was nicht zuletzt die Teamfähigkeit erhöht. Kursleiter und Eltern sollten die Leistungsfähigkeit potentieller AG-Teilnehmer realistisch einschätzen. Dauerhafte Überforderung, Frustrationserlebnisse und eine (zumindest gefühlte) Erfolglosigkeit könnten ansonsten zu einer negativen Einstellung zur Mathematik führen.

Innerhalb der Kapitel steigt der Schwierigkeitsgrad und das Anspruchsniveau der Aufgaben normalerweise an. Allen Schülern sollte genügend Zeit eingeräumt werden, die Aufgaben selbstständig (gegebenenfalls mit Hilfestellung) zu bearbeiten, auch wenn leistungsstärkere Schüler sich schon an nachfolgenden Aufgaben versuchen. Der Kursleiter sollte die Schüler auch beim Verfolgen alternativer Lösungsansätze unterstützen, die nicht in den Musterlösungen besprochen werden, da für viele mathematische Probleme unterschiedliche Lösungswege existieren. Sogar erfolglose Lösungsansätze können nützliche Erkenntnisse liefern, wenn sie zu einem tieferen Verständnis der Problemstellung führen. Dem Erfassen und

Verstehen der Lösungen durch die Schüler sollte in jedem Fall Vorrang vor dem Ziel eingeräumt werden, im Kurs möglichst alle Aufgaben zu bearbeiten.

Es ist kaum möglich, Aufgaben zu entwickeln, die optimal auf die Bedürfnisse jeder Mathematik-AG oder jedes Förderkurses zugeschnitten sind. Es liegt im Ermessen des Kursleiters, Aufgaben wegzulassen, eigene Aufgaben hinzuzufügen und Aufgaben individuell zuzuweisen. Der Kursleiter kann den Schwierigkeitsgrad in einem gewissen Umfang beeinflussen und der Leistungsfähigkeit seiner Kursteilnehmer anpassen. Es ist zu erwarten, dass die Leistungsfähigkeit der Schüler mit der Klassenstufe ansteigt.

Die einzelnen Kapitel dürften in der Regel zwei oder drei Kurstreffen erfordern. Die Kapitel setzen mehr als ihre Vorgängerbände bestimmten Schulstoff als bekannt (und bei den Schülern als präsent) voraus. Es obliegt dem Kursleiter, Grundlagen aus dem Schulunterricht zunächst mit einfachen Übungsaufgaben kurz zu wiederholen.

Jeder Schüler sollte regelmäßig die Gelegenheit erhalten, seine Lösungsansätze bzw. seine Lösungen vor den anderen Teilnehmern zu präsentieren. Dadurch wird nicht nur die eigene Lösungsstrategie nochmals reflektiert, sondern auch so wichtige Kompetenzen wie eine klare Darstellung der eigenen Überlegungen und mathematisches Argumentieren und Beweisen geübt. Ebenso kann das nachvollziehbare schriftliche Darstellen einer Lösung geübt werden. Eine erste Beschreibung kann im zweiten Schritt (gemeinsam) sorgfältig durchgegangen, präzisiert und gestrafft werden, bis nur noch die relevanten Schritte in der richtigen Reihenfolge nachvollziehbar beschrieben werden. Im Hinblick auf die kommenden Schuljahre und auf ein etwaiges MINT-Studium gewinnen diese Kompetenzen zunehmend an Bedeutung. Auch setzen Mathematikwettbewerbe diese Fähigkeiten vermehrt voraus.

Vermutlich haben viele Schüler, die mit diesem Buch arbeiten, schon häufig Mitschülern Aufgaben erklärt. Auch in dieser Hinsicht können sie Nutzen aus den Erfahrungen der Protagonisten ziehen, die am Ende der meisten Aufgabenkapitel in der Rubrik „Anna, Bernd und die Schüler" in Dialogform noch einmal reflektiert werden.

1.3   Der Erzählrahmen

In den ‚Club der begeisterten jungen Mathematikerinnen und Mathematiker', oder kurz CBJMM, darf man laut Clubsatzung erst eintreten, wenn man mindestens die fünfte Klasse besucht. Vor ein paar Jahren wurde eine Ausnahme gemacht, als Anna und Bernd aufgenommen wurden, obwohl sie damals erst in der dritten Klasse waren. Allerdings mussten sie zunächst eine Aufnahmeprüfung bestehen. In den Mathematischen Geschichten I und II (Schindler-Tschirner & Schindler,

2019a, b) haben sie dem Clubmaskottchen des CBJMM, dem Zauberlehrling Clemens, in zwölf Kapiteln geholfen, mathematische Abenteuer zu bestehen, um an begehrte Zauberutensilien zu gelangen.

Innerhalb des CBJMM gibt es eine „Mathematische Rettungstruppe", kurz MaRT, die Aufträge übernimmt, um Hilfesuchenden bei wichtigen und schwierigen mathematischen Problemen zu helfen. In die MaRT werden nur besonders gute und erfahrene Mathematikerinnen und Mathematiker des CBJMM aufgenommen, was aber eigentlich erst ab Klasse sieben möglich ist. Anna und Bernd wurden ausnahmsweise in die MaRT aufgenommen, als sie die fünfte Klasse besuchten. Dazu

Abb. 1.1 Links: Wappen
des CBJMM; rechts:
kombiniertes Clubwappen
des CBJMM und der MaRT

Abb. 1.2 Clubwappen für
MaRT-Mentoren und
MaRT-Mentorinnen

mussten sie in den Mathematischen Geschichten III und IV (Schindler-Tschirner &
Schindler, 2021a, b) erneut eine Aufnahmeprüfung bestehen. In den einzelnen Kapi-
teln gaben verschiedene Mentorinnen und Mentoren Anleitung und Hilfestellungen.
Mentorinnen und Mentoren sind erfahrene Mitglieder der MaRT.

Nun möchten Anna und Bernd selbst MaRT-Mentorin bzw. MaRT-Mentor werden (Abb. 1.1 und 1.2). Hierfür müssen sie eine weitere Aufnahmeprüfung bestehen,
die ebenfalls aus zwölf Abschnitten (Kapiteln) besteht. Dabei lernen sie wieder neue
mathematische Techniken kennen und anzuwenden. Durch die Aufnahmeprüfung
führen der Clubvorsitzende des CBJMM, Carl Friedrich, und die stellvertretende
Clubvorsitzende Emmy. Die zwölf Kapitel sind Gegenstand dieses *essentials* und
der „Mathematischen Geschichten VI" (Schindler-Tschirner & Schindler, 2022).

Teil I
Aufgaben

Es folgen sechs Kapitel mit Aufgaben, in denen neue mathematische Begriffe und Techniken eingeführt werden. Der Clubvorsitzende des CBJMM, Carl Friedrich, und die stellvertretende Clubvorsitzende Emmy (und natürlich der Kursleiter!) leiten mit ihren Erklärungen und der Zusammenstellung der Aufgaben die Schüler auf den richtigen Lösungsweg. Jedes Kapitel endet mit einem Abschnitt, der das soeben Erlernte aus der Sicht von Anna und Bernd beschreibt. Häufig stellen sie didaktische Überlegungen an. Mit einer kurzen Zusammenfassung, was die Schüler in diesem Kapitel gelernt haben, tritt dieser Abschnitt am Ende aus dem Erzählrahmen heraus. Diese Beschreibung erfolgt nicht in Fachtermini wie in Tab. II.1, sondern in schülergerechter Sprache.

Immer so weiter 2

„Hallo Anna und Bernd, ihr seid ja genauso pünktlich wie früher", lobt Carl Friedrich und schließt die Tür. „Heute lernt ihr die vollständige Induktion kennen, eine Beweistechnik, die in vielen Gebieten der Mathematik Anwendung findet. Als Motivation schauen wir uns zunächst einen MaRT-Fall an."

Alter MaRT-Fall Harriet ist von Quadrat- und Kubikzahlen begeistert. Nach einigem Experimentieren ist sie sich sicher, dass sie einen interessanten Zusammenhang zwischen Quadrat- und Kubikzahlen entdeckt hat:

$$1^3 + 2^3 + \cdots + n^3 = (1 + 2 + \cdots + n)^2 = \frac{n^2(n+1)^2}{4} \quad \text{für alle } n \in \mathbb{N} \quad (2.1)$$

Setzt man $n = 1, 2, 3, 4$ oder 5 in Gl. (2.1) ein, sind die Gleichheitszeichen richtig. Aber: Stimmt Gl. (2.1) für alle natürlichen Zahlen n? Natürlich wusste Harriet, dass das Ausprobieren einiger Zahlen kein Beweis ist. Ein Beweis musste her! Deshalb hat Harriet die MaRT aufgesucht.

„Das rechte Gleichheitszeichen in Gl. (2.1) ist auf jeden Fall richtig. Das ist ja das Quadrat der Gaußschen Summenformel", bemerkt Anna schnell. „Die Gaußsche Summenformel haben wir bei unserer Aufnahmeprüfung in den CBJMM bewiesen, erinnerst du dich noch, Bernd?" „Na klar", nickt Bernd. „Da kommt man durch das geschickte Umordnen der Summanden ans Ziel."

$$2(1 + 2 + \cdots + n) = \underbrace{1 + n}_{n+1} + \underbrace{2 + (n-1)}_{n+1} + \cdots \underbrace{n + 1}_{n+1} = n(n+1) \quad (2.2)$$

© Der/die Autor(en), exklusiv lizenziert an Springer-Verlag GmbH, DE, ein Teil von Springer Nature 2022
S. Schindler-Tschirner und W. Schindler, *Mathematische Geschichten V – Binome, Ungleichungen und Beweise*, essentials, https://doi.org/10.1007/978-3-662-65405-7_2

„Wenn man die linke und die rechte Seite durch 2 teilt, erhält man die Gaußsche Summenformel."[1] „Gibt es einen solchen Beweistrick auch für den alten MaRT-Fall, ich meine für das linke Gleichheitszeichen in Gl. (2.1)?", fragt Anna. „Zumindest gibt es keine so offensichtliche direkte Beweismethode. Mit vollständiger Induktion ist der Beweis aber nicht allzu schwierig. Wir beginnen mit einer Definition, aber das kennt ihr ja schon."

Definition 2.1 Es bezeichnet $\mathbb{N} = \{1, 2, 3, \ldots\}$ die Menge der *natürlichen Zahlen*. Ferner ist $\mathbb{N}_0 = \{0, 1, 2, \ldots\}$, also $\mathbb{N}_0 = \mathbb{N} \cup \{0\}$. Wie üblich, bezeichnen Z die Menge der *ganzen Zahlen* und $\mathbb{R}$ die Menge der *reellen Zahlen*.

„Das Besondere bei der vollständigen Induktion ist, dass man eine Vermutung benötigt, die man dann beweist. Die Vermutung besteht darin, dass für jede natürliche Zahl $n \geq n_0$ eine Aussage $A(n)$ (welche in einer bestimmten Weise von n abhängt) richtig ist. Oft ist $n_0 = 1$, aber das muss nicht immer der Fall sein."
„Das hört sich aber kompliziert an", meint Anna. „Ist es zum Glück aber nicht, wie ihr bald sehen werdet. Damit es anschaulicher wird, erkläre ich euch die einzelnen Schritte an der Gaußschen Summenformel."

Vollständige Induktion

- *Behauptung:* Die Aussage $A(n)$ ist für alle $n \geq n_0$ richtig. Das Ziel ist, diese Behauptung zu beweisen.
  - Beispiel Gaußsche Summenformel: Hier ist $n_0 = 1$, und $A(n)$ entspricht

$$1 + 2 + \cdots + n = \frac{n(n+1)}{2} \qquad (2.3)$$

- *Induktionsanfang:* Nachweis, dass $A(n_0)$ richtig ist.
  - Beispiel Gaußsche Summenformel: Setzt man $n = 1$ in Gl. (2.3) ein, erhält man $1 = 1$. Also ist die Gaußsche Summenformel für $n = 1$ richtig.
- *Induktionsannahme:* (Es wird angenommen, dass) die Aussagen $A(n_0)$, $A(n_0 + 1), \ldots, A(n)$ richtig sind. Oder anders ausgedrückt: $A(k)$ ist richtig für alle $n_0 \leq k \leq n$, d. h. für alle $k \in \{n_0, \ldots, n\}$.
  - Beispiel Gaußsche Summenformel: Es gilt $1 + 2 + \cdots + k = \frac{k(k+1)}{2}$ für alle $1 \leq k \leq n$.
- *Induktionsschritt:* Im Induktionsschritt wird gezeigt, dass aus der Induktionsannahme folgt, dass auch die Aussage $A(n + 1)$ richtig ist.

---

[1] vgl. Mathematische Geschichten II (Schindler-Tschirner & Schindler 2019b, Kap. 2).

– Beispiel Gaußsche Summenformel: Ist die Gaußsche Summenformel für alle $k \leq n$ richtig, so folgt

$$1 + 2 + \cdots + n + (n + 1) = \frac{n(n + 1)}{2} + n + 1 = \frac{(n + 1)(n + 2)}{2} \quad (2.4)$$

indem man $1 + \cdots + n$ durch $\frac{n(n+1)}{2}$ ersetzt (Induktionsannahme!) und die verbleibenden Terme zusammenfasst. Damit ist der Schluss von n auf $n + 1$ gelungen.

„Ist damit die Behauptung wirklich für alle $n \geq n_0$ bewiesen?", fragt Bernd etwas ungläubig. „So ist es", antwortet Carl Friedrich. „Im Induktionsanfang wird gezeigt, dass $A(n_0)$ richtig ist. Aus dem Induktionsschritt folgt, dass dann auch $A(n_0 + 1)$ richtig ist. Auf dieselbe Weise folgt, dass auch $A(n_0+2)$, $A(n_0+3)$, ... richtig sind. Das ist so ähnlich wie bei Dominosteinen: Egal, wie weit ein Stein vom Anfang entfernt ist, wird er doch irgendwann von seinem Vorgänger umgeworfen. Für die Gaußsche Summenformel bedeutet das, dass sie nicht nur für $n = 1$ richtig ist, sondern auch für $n = 2, 3$ und 4", „und für $n = 5, 6, 7$ und so weiter", fallen ihm Anna und Bernd ins Wort. „Ganz genau! Hätten wir beim Beweis der Gaußschen Summenformel auch mit $n_0 = 4$ beginnen können?"

a) Beantworte Bernds Frage. Was würde sich ändern, wenn wir den Beweis nicht für den Induktionsanfang $n_0 = 1$, sondern für $n_0 = 4$ gezeigt hätten?

„Vollständige Induktion müssen wir unbedingt selbst ausprobieren", sagt Bernd begeistert. „Ich habe natürlich ein paar Übungsaufgaben vorbereitet", antwortet Carl Friedrich.

b) Finde eine Formel für die Summe aller ungeraden natürlichen Zahlen zwischen 1 und $2n - 1$, d. h. für die Summe $1 + 3 + \cdots + (2n - 1)$.
Tipp: Berechne die Summe für kleine n und formuliere eine Vermutung. Beweise diese Vermutung (= Behauptung) durch vollständige Induktion.

c) Ab welcher natürlichen Zahl n_0 gilt $n^2 < 2^n$ für alle $n \geq n_0$?

d) Beweise, dass $n^3 - n$ für alle $n \in \mathbb{N}$ durch 3 teilbar ist.

e) Löse den alten MaRT-Fall: Beweise Gl. (2.1) durch vollständige Induktion.

„Vollständige Induktion ist in vielen mathematischen Gebieten nützlich. Die beiden nächsten Aufgaben haben nichts mit Zahlen zu tun."

Abb. 2.1 orangefarbener
Triquad der Firma
Trigon-Tepp

f) Beweise: Jedes konvexe (ebene) n-Eck ($n \geq 4$) besitzt $\frac{n(n-3)}{2}$ Diagonalen.

g) Inke hat ein quadratisches Zimmer, dessen Fußboden mit grauem Laminat ausgelegt ist. Weil ihr das zu eintönig ist, möchte sie den Fußboden mit dem angesagten, bunten Teppichboden „Trio" der Firma Trigon-Tepp auslegen. Der Fußboden entspricht genau 32×32 kleinen Teppichbodenquadraten. Allerdings gibt es den Teppichboden „Trio" nur in L-förmig angeordneten 3er-Kombinationen von kleinen Quadraten, sogenannten „Triquads" (vgl. Abb. 2.1). Es ist nicht möglich, den Fußboden vollständig mit Triquads auszulegen, weil er aus $32 \cdot 32 = 1024$ kleinen Quadraten besteht und 1024 kein Vielfaches von 3 ist. Der Verkäufer hat Inke versprochen, dass es aber möglich sei, ein beliebiges Quadrat auszuwählen und den restlichen Fußboden mit bunten Triquads auszulegen. (Auf das ausgewählte Quadrat wird als Designhöhepunkt das Trigon-Tepp-1er-Spezialquadrat „Wonderful" gelegt.)

Beweise, dass die Behauptung des Verkäufers allgemein für jeden quadratischen Fußboden richtig ist, der $2^n \times 2^n$ kleine Quadrate umfasst ($n \in \mathbb{N}$).

Anna, Bernd und die Schüler

„Vollständige Induktion war völliges Neuland. Gut, dass Carl Friedrich die vollständige Induktion an der Gaußschen Summenformel erklärt hat. Sonst wäre es doch etwas abstrakt gewesen", findet Anna. „Neue Techniken an etwas Bekanntem zu erklären und Zusammenhänge herzustellen, hilft sehr. Das sollten wir auch so machen, wenn wir selbst einmal Mentoren sind."

Was ich in diesem Kapitel gelernt habe

- Ich habe das Beweisprinzip der vollständigen Induktion kennengelernt, verstanden und selbst angewandt.
- Die vollständige Induktion kann man auf sehr unterschiedliche Aufgaben anwenden.

Eine völlig unsinnige Behauptung

3

„Hallo, Anna und Bernd. Heute befassen wir uns noch einmal mit der vollständigen Induktion. Im alten MaRT-Fall müsst ihr einen Beweisfehler aufspüren. Außerdem habe ich verschiedene Aufgaben vorbereitet, damit ihr die vollständige Induktion weiter üben könnt."

Alter MaRT-Fall Harriet ist von der vollständigen Induktion absolut begeistert, schon weil sie damit die von ihr vermutete Summenformel für Kubikzahlen, Gl. (2.1), beweisen konnte. Neulich war sie jedoch sehr beunruhigt. In einem Buch hatte sie einen Induktionsbeweis gesehen, mit dem eine völlig unsinnige Behauptung (scheinbar) bewiesen wurde: Enthält eine Tüte Gummibärchen nur ein einziges rotes Gummibärchen, dann sind auch alle anderen Gummibärchen rot. „Das ist doch Blödsinn", dachte Harriet, „schließlich sind in meinen Tüten nicht nur rote, sondern immer auch grüne und gelbe Gummibärchen. Andererseits ist es doch ein Beweis! Ob die Summenformel für Kubikzahlen vielleicht auch falsch ist?" Deshalb kam Harriet schließlich ziemlich aufgeregt zur MaRT und hat uns den Beweis vorgetragen. Der Induktionsanfang (in der Tüte ist $n = 1$ Gummibärchen) war richtig, denn hier sind „ein Gummibärchen" und „alle Gummibärchen" das gleiche. Der Induktionsschritt (von n auf $n + 1$ Gummibärchen) ging so: Bezeichnen $gb_1, \ldots, gb_{n+1}$ die Gummibärchen in der Tüte und ist beispielsweise das zweite Gummibärchen gb_2 rot, sind nach Induktionsannahme $gb_1, \ldots, gb_n$, aber auch $gb_2, \ldots, gb_{n+1}$ rot. Insgesamt folgt daraus, dass $gb_1, \ldots, gb_{n+1}$, also alle Gummibärchen, rot sind.

   Anna und Bernd sind ein wenig blass. Bernd überlegt laut: „Wenn z. B. $n = 3$ und gb_2 rot ist, dann sind nach Induktionsannahme (für $n = 2$) gb_1, gb_2, aber auch gb_2, gb_3. Und Anna fügt hinzu: „Für $n = 4$ sind nach Induktionsannahme gb_1, gb_2, gb_3 rot, aber auch gb_2, gb_3, gb_4." Carl Friedrich unterbricht die Überlegungen und sagt: „Harriets Fehler liegt im Induktionsschritt."

a) Finde den Beweisfehler!

Bernd ist sichtbar erleichtert: „Das ist doch sehr beruhigend! Der Fehler liegt nicht im Beweisprinzip der vollständigen Induktion, nur ein Beweisschritt war nicht richtig durchdacht. Interessanterweise funktioniert der Induktionsschritt nur von $n = 1$ auf $n = 2$ nicht." „Dafür ist der Induktionsanfang nur für $n = 1$ richtig!", ergänzt Anna. „Was lernen wir daraus?", fragt Carl Friedrich und gibt gleich selbst die Antwort: „In einem Beweis sollte jeder Schritt sorgfältig überlegt sein!"

b) Beweise Gl. (3.1)

$$1^2 + 2^2 + \cdots + n^2 = \frac{n(n + 1)(2n + 1)}{6} \quad \text{für alle } n \in \mathbb{N} \qquad (3.1)$$

c) Beweise mit vollständiger Induktion, dass $3^{n+1} + 7^{3n+1}$ für alle $n \in \mathbb{N}$ durch 5 teilbar ist.

d) Beweise, dass für alle $n \in \mathbb{N}$ gilt:

$$1 + x + x^2 + \cdots + x^n = \frac{x^{n+1} - 1}{x - 1} \quad \text{für } x \neq 1 \qquad (3.2)$$

e) Der Legende nach hatte der Erfinder des Schachspiels einen Wunsch frei. Er wünschte sich, dass auf das erste Feld seines Schachbretts ein Reiskorn gelegt wird und auf jedem anderen der 64 Felder doppelt so viele wie auf dem vorhergehenden Feld (also 1, 2, 4, 8, ... Reiskörner). Wieviele Reiskörner hätten dann insgesamt auf dem Schachbrett gelegen?

Carl Friedrich schreibt die folgende Definition an das Whiteboard.

Definition 3.1 Wir schreiben $M = \{a, b\}$, falls die Menge M aus den zwei Elementen a und b besteht. Umgekehrt bedeutet $a \in M$, dass a ein Element von M ist. Es bezeichnet $\{\}$ die *leere Menge*. Eine Menge M_1 heißt *Teilmenge* von M, wenn jedes Element aus M_1 auch in M enthalten ist. Hierfür verwenden wir die Schreibweise $M_1 \subseteq M$.

f) Beweise: Jede n-elementige Menge besitzt 2^n Teilmengen.

„Welche Funktionen kennt ihr aus dem Schulunterricht, Anna und Bernd?" „Wir kennen lineare und quadratische Funktionen", antwortet Anna schnell. „Deren Graphen sind Geraden und Parabeln." „Das sind Funktionen $\mathbb{R} \to \mathbb{R}$, die jeder reellen Zahl $x \in \mathbb{R}$ den Wert $f(x)$ zuordnen, z. B. $f(x) = x^2 + 1$", erklärt Carl Friedrich.

Definition 3.2 Eine *Folge* reeller Zahlen ist eine Abbildung $a \colon \mathbb{N} \to \mathbb{R}$. Üblicherweise schreibt man bei Folgen a_n anstatt $a(n)$. Die Werte $a_1, a_2, \ldots$ heißen *Folgenglieder.*

„In manchen Büchern beginnen Folgen mit dem Glied a_0, d. h. $a \colon \mathbb{N}_0 \to \mathbb{R}$. Das macht aber letztlich keinen Unterschied", fährt Carl Friedrich fort. „Natürlich könnt ihr auch andere Buchstaben als a verwenden, um eine Folge zu bezeichnen."

g) Die Folge $b_1, b_2, \ldots$ ist für alle $n \in \mathbb{N}$ durch $b_n = 2n + 3$ definiert. Bestimme b_{76} und b_{2022}.

„Das war ja ganz leicht", antwortet Bernd erstaunt. „Das stimmt. Hier war es sehr einfach, den Wert eines Folgenglieds zu berechnen, weil man dafür keine anderen Folgenglieder kennen muss. Manchmal werden Folgen *rekursiv* definiert, d. h. jedes Folgenglied berechnet sich aus einem oder mehreren seiner Vorgänger. Ein sehr bekanntes Beispiel ist die Fibonacci-Folge", erklärt Carl Friedrich.

$$f_1 = 1, \quad f_2 = 1 \quad \text{und} \quad f_{n+1} = f_{n-1} + f_n \quad \text{für } n \geq 2 \quad \text{(Fibonacci-Folge)}$$
(3.3)

„Benannt ist die Fibonacci-Folge nach Leonardo Fibonacci[1], der damit um das Jahr 1200 ein einfaches Modell für das Wachstum einer Kaninchenpopulation formuliert hat", fährt Carl Friedrich fort. „Es gibt f_n die Anzahl der Kaninchenpaare zum Zeitpunkt n an. Die Kaninchen sind in diesem Modell unsterblich, und in jedem Zeitschritt bekommen sie ein Kaninchenpaar Nachwuchs, zum ersten Mal im übernächsen Zeitschritt nach ihrer eigenen Geburt."

h) Berechne f_5 und f_8.

„Rekursiv definierte Folgen sind kein Problem, wenn man sich für Folgenglieder mit kleinen Indizes interessiert. Bei Folgengliedern mit großen Indizes kann das schon mühsam sein, z. B. wenn ihr f_{2022} berechnen wollt. Deshalb versucht man meist, Formeln zu finden, mit denen man jedes Folgenglied ohne Kenntnis seiner Vorgänger berechnen kann."

---

[1] Leonardo Fibonacci (um 1170 – um 1240) war ein bedeutender Mathematiker des Mittelalters.

i) Beweise durch vollständige Induktion

$$f_n = \frac{\left(\frac{1+\sqrt{5}}{2}\right)^n - \left(\frac{1-\sqrt{5}}{2}\right)^n}{\sqrt{5}} \qquad (3.4)$$

Hinweis: Hier muss der Induktionsanfang für $n = 1$ und $n = 2$ gezeigt werden.
Frage: Weshalb ist das so?

„Induktionsbeweise stellen oft Zwischenschritte von umfangreicheren Beweisen
dar. Das trifft z. B. auf die letzte Aufgabe zu. Sie stammt aus der Analysis, einem
wichtigen Anwendungsgebiet der vollständigen Induktion. Der vollständige Sachverhalt spielt für uns keine Rolle. Hierfür fehlen euch noch Vorkenntnisse, die ihr
erst in der Oberstufe lernt. Danach sind wir für heute fertig", ergänzt Carl Friedrich.
„Allerdings wird euch die vollständige Induktion auch später noch begegnen."

j) Durch Gl. (3.5) wird rekursiv eine Folge reeller Zahlen definiert.

$$a_1 = 1, \quad a_{n+1} = \sqrt{2a_n + 3} \quad \text{für alle } n \geq 1 \qquad (3.5)$$

Beweise: Die Folge $a_1, a_2, \ldots$ ist streng monoton steigend (d. h. $a_n < a_{n+1}$ für
alle $n \in \mathbb{N}$), und alle Folgenglieder a_n sind kleiner als 3.

Anna, Bernd und die Schüler

„Der alte MaRT-Fall hat gezeigt, dass jeder Schritt eines Beweises wichtig ist und
genau durchdacht und begründet werden muss. Das gilt nicht nur dann, wenn das
Ergebnis offensichtlich falsch ist", stellt Anna fest. „Ich finde auch historische Hin-
tergründe interessant und, wo man bestimmte mathematische Techniken benötigt.
Wenn wir einmal Mentoren sind, machen wir das auch", ergänzt Bernd.

Was ich in diesem Kapitel gelernt habe

- Ich habe noch mehr Aufgaben mit vollständiger Induktion gelöst.
- Ich habe einen versteckten Fehler in einem Induktionsbeweis gefunden.
- Ich weiß jetzt, was Folgen sind.
- Ich habe das Beweisprinzip der vollständigen Induktion noch besser verstanden.

Kreise, Kreise und noch mal Kreise

„Hallo Emmy, führst Du uns heute durch den Nachmittag?" „Ja, Anna und Bernd, das tue ich, und die beiden nächsten Male übrigens auch", antwortet Emmy. „Heute befassen wir uns mit ebener Geometrie, genauer gesagt, mit Kreisen." „Darauf haben wir schon gewartet, Emmy, nachdem bei unserer Aufnahme in die MaRT räumliche Geometrie dran war", erklärt Bernd, und Anna ergänzt: „Damals haben wir den Eulerschen Polyedersatz und die platonischen Körper kennengelernt."[1]

Alter MaRT-Fall Im Vorfeld der 60-Jahrfeier hat der Gemeinderat von Recht-winkelshausen[2] den weithin als äußerst kreativ bekannten Landschaftsarchitekten Zacharias Breuer beauftragt, den kleinen Park am Stadtrand neu anzulegen. Als Höhepunkt wollte Zacharias Breuer im Zentrum des Parks ein Beet mit bunten Blumen anlegen, das auf einer Seite durch eine Gedenktafel der Breite s mit der Inschrift „60 Jahre Rechtwinkelshausen" begrenzt wird und ansonsten durch ein schmales, fein gearbeitetes Mosaikband. Von jedem Punkt der Begrenzung sollte der Winkel zu den (horizontalen) Endpunkten der Gedenktafel 60° betragen. Dann würde die Inschrift, vom Rand des Beetes aus betrachtet, überall gleich breit aussehen. Allerdings wusste Zacharias Breuer nicht, ob das überhaupt möglich ist, und wenn ja, wie der Rand des Beetes aussehen müsste. Und ein weiteres Problem kam hinzu: Da die gewünschten Mosaiksteine ziemlich teuer sind, hat ihm der Gemeinderat maximal 10 m Mosaikband genehmigt. Dies begrenzt die Breite der Gedenktafel.

„Für den alten MaRT-Fall benötigt ihr mathematische Hilfsmittel, die ihr noch nicht kennt. Wie üblich, stellen wir den alten MaRT-Fall zurück und beginnen mit einfacheren Aufgaben", erklärt Emmy.

---

[1] vgl. Mathematische Geschichten III (Schindler-Tschirner & Schindler 2021a, Kap. 4 und 5).

[2] vgl. Mathematische Geschichten I (Schindler-Tschirner & Schindler 2019a, Kap. 2).

© Der/die Autor(en), exklusiv lizenziert an Springer-Verlag GmbH,
DE, ein Teil von Springer Nature 2022
S. Schindler-Tschirner und W. Schindler, *Mathematische Geschichten V – Binome,
Ungleichungen und Beweise*, essentials, https://doi.org/10.1007/978-3-662-65405-7_4

Definition 4.1 Es seien A und B Punkte in der Ebene. Dann bezeichnet AB die Gerade, die durch A und B festgelegt wird, $\overline{AB}$ die Verbindungsstrecke von A und B und $|\overline{AB}|$ die Länge von $\overline{AB}$.

a) Gegeben sei ein rechtwinkliges Dreieck ABC mit der Hypotenuse $\overline{AB}$. Wie üblich, bezeichnen a, b, c die Längen der Katheten $\overline{BC}$ und $\overline{CA}$ sowie die Länge der Hypotenuse $\overline{AB}$. Die Innenwinkel an A, B, C werden mit α, β, γ bezeichnet.
   (i) Beweise: Für $\alpha = 30°$ gilt $a = \frac{c}{2}$, (ii) Wie groß ist b?
   (iii) Beweise: Aus $a = \frac{c}{2}$ folgt $\alpha = 30°$ (Umkehrung von (i)).
b) Bestimme in Abb. 4.1 (linke Skizze) den Winkel $\angle CAB$. In welchem Verhältnis stehen die Radien r und R? In welchem Verhältnis steht die Summe der beiden Kreisflächen zur Fläche des Dreiecks ABC?

„Ich finde Konstruktionen mit Zirkel und Lineal besonders elegant", meint Anna. „Hast du auch Konstruktionsaufgaben vorbereitet?" „Aber natürlich", lächelt Emmy. „Für die Konstruktionsaufgaben dürft ihr nur Zirkel und Lineal verwenden. Auf dem Lineal sind die natürlichen Zahlen markiert."

c) Gib eine Vorschrift an, wie man eine Strecke der Länge $\sqrt{n}$ konstruieren kann. Dabei ist n eine natürliche Zahl.

Bernd stellt fest: „Mit den Ergebnissen aus a) und c) kann man einen 30°-Winkel konstruieren: Dazu markiert man auf einer Geraden g einen Punkt P und konstruiert einen Punkt Q auf g mit $|\overline{PQ}| = \sqrt{3}$. In Q errichtet man eine Senkrechte auf g, auf der man die Strecke 1 abträgt. Das ist der Punkt R und $\angle RPQ = 30°$." „Stattdessen könnte man auch auf einer Geraden g einen Punkt S markieren und

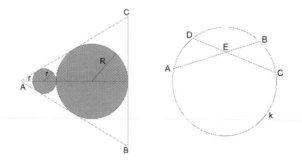

Abb. 4.1 Skizzen zu den Aufgaben b) (links) und f) (rechts)

auf der Senkrechten in S die Strecke 1 abtragen. Um diesen Punkt T schlägt man einen Kreis mit dem Radius 2. Einen der beiden Schnittpunkte mit g nennen wir U. Dann ist auch $\angle TUS = 30°$." „Ihr seid ja richtige Konstruktionsprofis, Anna und Bernd", meint Emmy anerkennend. „Annas Vorschlag spart die Konstruktion von $\sqrt{3}$, aber wenn der 30°-Winkel in einem vorgegebenem Punkt $P \in g$ angetragen werden soll, muss zusätzlich eine Parallele g' zu TU durch P konstruiert werden."

d) Es sei k ein Kreis mit dem Mittelpunkt M, und P sei ein Punkt außerhalb von k. Konstruiere mit Zirkel und Lineal eine Tangente durch P an den Kreis. Begründe deine Konstruktion.

e) Konstruiere mit Zirkel und Lineal ein rechtwinkliges Dreieck mit Hypotenuse $c = 13\,\text{cm}$ und $h_c = 4\,\text{cm}$.

„Jetzt ist es Zeit, etwas Neues zu lernen, und zwar den *Peripheriewinkelsatz* und später noch den *Mittelpunktswinkelsatz*", fährt Emmy fort. „Den Peripheriewinkelsatz nennt man übrigens auch *Umfangswinkelsatz* und den Mittelpunktswinkelsatz auch *Kreiswinkelsatz*. Wir beginnen mit einer Definition."

Definition 4.2 Es seien A, B, C Punkte auf einem Kreis k mit dem Mittelpunkt M (vgl. Abb. 4.3). Dann nennt man $\angle BCA$ einen *Peripheriewinkel* über der Sehne $\overline{AB}$. Zeichnet man an einen der beiden Kreisbögen über $\overline{AB}$ die Radien $\overline{AM}$ und $\overline{BM}$, erhält man den Winkel $\angle BMA$. Dies ist der zum Kreisbogen zugehörige Mittelpunktswinkel. (In Abb. 4.3 (rechts) gehört der Mittelpunktswinkel 2α zum längeren, der Winkel $360° - 2\alpha$ zum kürzeren Kreisbogen.)

„In der Mathematik enthält ein Satz oder ein Theorem Aussagen über einen mathematischen Sachverhalt", erklärt Emmy.

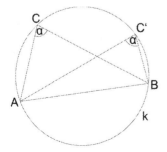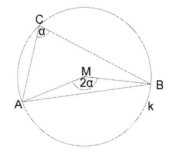

Abb. 4.2 Skizzen zu Satz 4.1 (links) und Satz 4.2 (rechts)

Satz 4.1 (Peripheriewinkelsatz) Alle Peripheriewinkel auf einem Kreisbogen über der Sehne $\overline{AB}$ sind gleich (vgl. Abb. 4.3).

Bernd ist begeistert: „Der Satz des Thales ist ein Spezialfall des Peripheriewinkelsatzes für $\alpha = 90°$!" Emmy ergänzt: „Der Peripheriewinkelsatz besitzt viele überraschende Anwendungen. Übrigens gilt auch die Umkehrung: Alle Punkte P, die in derselben Halbebene bezüglich AB liegen und für die $\angle APM$ gleich ist, liegen auf einem Kreisbogen über der Sehne $\overline{AB}$".

f) Beweise den *Sehnensatz:* Es bezeichnen $\overline{AB}$ und $\overline{CD}$ zwei Sehnen im Kreis k, die sich innerhalb von k im Punkt E schneiden (vgl. Abb. 4.1, rechts). Dann gilt

$$|\overline{AE}| \cdot |\overline{EB}| = |\overline{CE}| \cdot |\overline{ED}| \tag{4.1}$$

Tipp: Verwende den Peripheriewinkelsatz mit der Sehne $\overline{AC}$.

„Einen Satz brauchen wir noch, um den alten MaRT-Fall zu lösen. Danach sind wir für heute fertig", erklärt Emmy.

Satz 4.2 (Mittelpunktswinkelsatz) Es bezeichne $\overline{AB}$ eine Sehne in einem Kreis k und Mittelpunkt M. Die Peripheriewinkel auf einem Kreisbogen über $\overline{AB}$ sind halb so groß wie der zugehörige Mittelpunktswinkel $\angle BMA$ (vgl. Abb. 4.3).

g) (alter MaRT-Fall) Hilf Zacharias Breuer, die Anforderungen des Gemeinderats zu erfüllen. Wie breit darf die Gedenktafel höchstens sein?

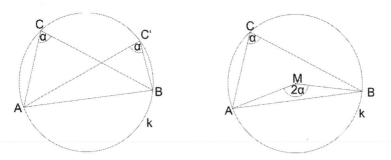

Abb. 4.3 Skizzen zu Satz 4.1 (links) und Satz 4.2 (rechts)

„Weil der Winkel $\angle MAB = 30°$ ist, könnte Zacharias Breuer das Beet mit Zirkel und Lineal konstruieren", beschließt Emmy den Nachmittag.

Anna, Bernd und die Schüler

Bernd und Anna sind sich einig: „Es ist erstaunlich, wie man theoretisches Wissen aus der Geometrie auf praktische Probleme anwenden kann."

Was ich in diesem Kapitel gelernt habe

- Ich habe Sachverhalte aus der Geometrie wiederholt und angewandt.
- Ich habe geometrische Konstruktionen durchgeführt.
- Ich habe den Peripheriewinkelsatz und Mittelpunktswinkelsatz kennengelernt.

Binome XXL

5

„Hallo Emmy, was lernen wir heute?", fragt Bernd. „Heute und beim nächsten Mal befassen wir uns mit binomischen Formeln." „Während der Aufnahmeprüfung in die MaRT haben wir bereits interessante Anwendungen der binomischen Formeln kennengelernt[1]", erinnert sich Anna. „Ich habe zunächst zwei Aufgaben mitgebracht, damit ihr wieder den Einstieg findet. Danach verallgemeinern wir die beiden ersten binomischen Formeln. Wir lassen als Exponent nicht nur 2, sondern jede natürliche Zahl zu. Wie ihr euch denken könnt, eröffnet das neue Anwendungen", skizziert Emmy das Tagesprogramm.

a) Bestimme alle ganzzahligen Lösungen der folgenden Gleichung

$$x^2 + y^2 + 2x + 10 = 6y + 1 \qquad (5.1)$$

 Tipp: Forme Gl. (5.1) um und fasse die Terme zu Binomen zusammen.

b) Für welche $n \in \mathbb{N}$ ist $n^2 + 7n + 6$ eine Quadratzahl?

Nach ein paar Minuten meint Bernd: „Aufgabe a) haben wir schnell hingekriegt, aber bei b) sehen Anna und ich weit und breit kein Binom. Kannst du uns auch hier einen Tipp geben?" „Das mache ich gerne," sagt Emmy. „Versucht zu beweisen, dass der Term $n^2 + 7n + 6$ für $n \geq 4$ zwischen zwei aufeinanderfolgenden Quadratzahlen liegt. Den Rest müsst ihr aber selbst finden."

 „Wisst Ihr noch, was Fakultäten und Binomialkoeffizienten sind?" „Natürlich," antwortet Anna und geht zum Whiteboard.

---

[1] vgl. Mathematische Geschichten IV (Schindler-Tschirner & Schindler, 2021b, Kap. 4).

S. Schindler-Tschirner und W. Schindler, *Mathematische Geschichten V – Binome, Ungleichungen und Beweise*, essentials, https://doi.org/10.1007/978-3-662-65405-7_5

Definition 5.1 Für alle natürlichen Zahlen n ist $n! = 1 \cdot 2 \cdots (n-1) \cdot n$. Außerdem gilt $0! = 1$ (Sprechweise: „n *Fakultät*"). Ist n eine natürliche Zahl und $0 \leq k \leq n$, bezeichnet man

$$\binom{n}{k} = \frac{n!}{(n-k)! \cdot k!} \tag{5.2}$$

als *Binomialkoeffizient* (Sprechweise: „n über k").

Und Bernd ergänzt: „Außerdem haben wir damals bewiesen, dass jede n-elementige Menge $\binom{n}{k}$ viele k-elementige Teilmengen besitzt." „Das habt ihr wirklich gut verstanden. Die beiden nächsten Aufgaben sind für euch sicher kein Problem."

c) Berechne $2!$, $5!$ und $7!$.
d) Berechne die Binomialkoeffizienten $\binom{3}{2}$, $\binom{6}{2}$, $\binom{n}{1}$.

Alter MaRT-Fall Markus Marke ist Briefmarkenhändler. Neulich hatte er den exklusiven Satz „Drei Tenöre" im Angebot, der aus nur drei Briefmarken besteht. Da die einzelnen Briefmarken unterschiedlich teuer waren und Markus Marke komplizierte Rabattregeln anwendet, wenn ein Kunde mehrere Briefmarken eines Satzes kauft, hat er einfach alle möglichen Teilmengen der „Drei Tenöre"-Briefmarken in seinem Schaufenster (samt Preisen) ausgestellt. In einer ruhigen Stunde hat Markus Marke nachgezählt, wieviele Briefmarken er für die Auslage in seinem Schaufenster benötigte. Für die drei 1-elementigen Teilmengen waren es 3 Briefmarken, für die drei 2-elementigen Teilmengen kamen $3 \cdot 2 = 6$ Briefmarken hinzu, und für den vollständigen Satz nochmals 3 Briefmarken. Insgesamt hatte er also $3 + 6 + 3 = 12$ Briefmarken in sein Schaufenster gelegt. Markus war klar, dass die Anzahl der Briefmarken für größere Briefmarkensätze rasant ansteigt, so dass er diese Strategie für große Sätze nicht beibehalten kann. Daher hat er die MaRT nach einer Formel für Briefmarkensätze aus n Briefmarken gefragt.

e) Löse den alten MaRT-Fall für den Spezialfall $n = 4$.

„Bevor wir zum binomischen Lehrsatz kommen, erkläre ich euch noch die Summenschreibweise, die in der Mathematik üblich ist. Wisst ihr, was $\sum_{j=3}^{5} 2j$ bedeutet?" „Nein", antworten Anna und Bernd fast gleichzeitig. „Eigentlich ist das ziemlich einfach", erklärt Emmy. „Der griechische Buchstabe Σ stellt das Summenzeichen dar. In diesem Beispiel ist j der *Laufindex*, aber man kann natürlich beliebige Buchstaben verwenden, z. B. n, m oder k. Der Laufindex wird auch als *Summationsvariable* bezeichnet. In unserem Beispiel nimmt der Laufindex j alle ganzen Zahlen zwischen 3 und 5 an (Sprechweise: „Summe über $2j$ von $j = 3$ bis $j = 5$"). Für diese Zahlenwerte setzt man j in den Term hinter dem Summenzeichen ein. Dies ergibt die einzelnen Summanden. Beispielsweise ist"

$$\sum_{j=3}^{5} 2j = 2 \cdot 3 + 2 \cdot 4 + 2 \cdot 5 \quad \text{und} \quad \sum_{n=1}^{10} n = 1 + 2 + \cdots + 10 \qquad (5.3)$$

„Das ermöglicht eine kürzere Schreibweise", bemerkt Bernd: „Aber $1+2+\cdots+10$ ist doch auch richtig, nicht wahr?" „Das stimmt. Die Summenschreibweise wird vor allem dann angewandt, wenn die Bildung der Summanden nicht so offensichtlich ist wie etwa im zweiten Beispiel in Gl. (5.3) oder wenn in Beweisen Umformungen an den Summanden vorgenommen werden. Ich habe euch ein paar Übungsaufgaben mitgebracht, damit ihr mit dieser Schreibweise vertraut werdet", fährt Emmy fort.

f) Berechne die folgenden Summen $\sum_{j=4}^{5}(2j+1)$, $\sum_{n=11}^{11} n^3$ und $\sum_{k=2}^{4} 2^k$.
g) Verwende die Summenschreibweise für $5 + 10 + 15 + 20$ und $4 + 7 + 10$.

„Hier ist nun endlich der binomische Lehrsatz", sagt Emmy beinahe etwas feierlich.

Binomischer Lehrsatz

$$(x + y)^n = \sum_{j=0}^{n} \binom{n}{j} x^{n-j} y^j \quad \text{für alle } x, y \in \mathbb{R} \text{ und } n \in \mathbb{N} \qquad (5.4)$$

„Der binomische Lehrsatz ist sehr wichtig", erklärt Emmy. „Später werdet ihr den binomischen Lehrsatz beweisen. Zunächst habe ich ein paar Anwendungsaufgaben mitgebracht, damit ihr ein wenig mit ihm vertraut werdet."

h) Wie lautet der binomische Lehrsatz für $n = 4$?
i) Berechne $(x - 1)^3$ mit dem binomischen Lehrsatz.

„Das ist ja interessant", ruft Anna, „der binomische Lehrsatz verallgemeinert ja nicht nur die erste binomische Formel, also $(x + y)^2$, sondern auch die zweite binomische Formel $(x - y)^2$, weil $x - y = x + (-y)$ ist." „Das hast du gut erkannt", erklärt Emmy. „Die nächste Aufgabe ist etwas schwieriger."

j) Berechne $\sum_{j=0}^{4} \binom{4}{j}$ und $\sum_{j=0}^{n} \binom{n}{j}$.

Bernd ist begeistert: „Die zweite Formel ist ein zweiter Beweis, dass jede n-elementige Menge 2^n Teilmengen besitzt." „Das stimmt. In Aufgabe l) sollt ihr den binomischen Lehrsatz beweisen. Zuvor müsst ihr k) beweisen, weil ihr Gl. (5.5) benötigt."

k) Zeige die folgende Identität

$$\binom{m}{k-1} + \binom{m}{k} = \binom{m+1}{k} \quad \text{für alle } m \in \mathbb{N}, 1 \le k \le m \tag{5.5}$$

l) Beweise den binomischen Lehrsatz.
   Tipp: Verwende vollständige Induktion.

„Jetzt müsst ihr nur noch den alten MaRT-Fall lösen. Das schafft ihr auch noch."

m) Löse den alten MaRT-Fall.

„Der alte MaRT-Fall war nicht einfach, weil der Beweis mehrere Schritte erfordert. Ihr habt euch wieder sehr gut geschlagen", lobt Emmy. „Für heute sind wir fertig, und nächste Woche lernt ihr noch mehr über Binome."

Anna, Bernd und die Schüler

Anna stellt fest: „Bei Anwendungsaufgaben ist es meist der erste Schritt, den Sachverhalt in Formeln auszudrücken. Dann kann man mit mathematischen Techniken weiterarbeiten." „Gut gefällt mir die Summenschreibweise. Sie sieht erst einmal etwas abschreckend aus, aber wenn man sich erst einmal daran gewöhnt hat, kann man sich mathematisch exakt ausdrücken und spart viel Schreibarbeit", findet Bernd. „Wenn wir selbst einmal Mentoren sind, achten wir auch auf eine mathematisch exakte Darstellung", ergänzt Anna.

Was ich in diesem Kapitel gelernt habe

- Ich kenne jetzt den binomischen Lehrsatz und kann ihn anwenden.
- Ich habe den binomischen Lehrsatz bewiesen.
- Ich habe die Summenschreibweise kennengelernt.

Heute noch einmal Binome

Emmy beschreibt den Ablauf des Nachmittags. „Wie ihr schon wisst, stehen heute noch einmal binomische Formeln auf dem Programm, Anna und Bernd. Zuerst behandeln wir eine Verallgemeinerung der 3. binomischen Formel $x^2 - y^2 = (x - y)(x + y)$ für ganzzahlige Exponenten $n \geq 2$. Außerdem lernt ihr noch eine weitere binomische Formel kennen, die es für den Exponenten $n = 2$ nicht gibt. Und natürlich habe ich wieder viele Aufgaben mitgebracht."

Alter MaRT-Fall Freya interessiert sich besonders für Kubikzahlen. Schließlich hat sie am 27. August Geburtstag. Nun ist $7 + 1 = 8$ offensichtlich eine Kubikzahl. Freya fragte sich, für welche weiteren natürlichen Zahlen n der Term $7^n + 1$ ebenfalls eine Kubikzahl ist. Nachdem sie die Exponenten 2 bis 16 erfolglos ausprobiert hatte, war ihr klar, dass dies zumindest ein seltenes Ereignis ist. Schließlich kam Freya mit der Frage zur MaRT, ob eine weitere Suche sinnvoll ist oder ob sie die Suche besser einstellen sollte.

„Bevor wir uns um den alten MaRT-Fall kümmern, braucht ihr erst einmal die notwendigen mathematischen Hilfsmittel", fährt Emmy fort.

3. binomische Formel Für alle $x, y \in \mathbb{R}$ und $n \in \mathbb{N}$ gilt

$$x^n - y^n = (x - y)(x^{n-1} + x^{n-2}y + x^{n-3}y^2 + \cdots + y^{n-1}) \qquad (6.1)$$

Anna sieht sich Gl. (6.1) an und stellt fest: „Das ist ja interessant: Addiert man in der rechten Klammer die Exponenten von x und y, erhält man für jeden Summanden $n - 1$." Und Bernd ergänzt: „Für $n = 2$ ist das genau die 3. binomische Formel, die wir aus der Schule kennen. Die Formel gilt ja sogar für $n = 1$: Dann steht $x^0 y^0$, also 1, in der zweiten Klammer. Allerdings bringt uns $(x - y)^1 = (x - y) \cdot 1$ auch

S. Schindler-Tschirner und W. Schindler, *Mathematische Geschichten V – Binome, Ungleichungen und Beweise*, essentials, https://doi.org/10.1007/978-3-662-65405-7_6

nicht wirklich weiter." Emmy erklärt: „Wenn man eine Summe oder eine Differenz in ein Produkt verwandelt, spricht man übrigens von *Faktorisieren*."

a) Beweise Gl. (6.1) durch Ausmultiplizieren der Klammern.
    Tipp: Multipliziere $(x - y)$ nacheinander mit $x^{n-1}, x^{n-1}y, \ldots, y^{n-1}$.

„Der Beweis war ja einfach und irgendwie originell, weil sich fast alle aufeinanderfolgende Summanden wegen ihrer unterschiedlichen Vorzeichen aufheben", sagt Bernd. „Man bezeichnet dies auch als *Teleskopsumme*", erklärt Emmy. „Was hat es mit dieser Bezeichnung auf sich?", fragt Anna. „In unserem Fall befinden sich zwischen x^n und $-y^n$ viele 2er-Summen, die den Wert 0 haben. Das erinnert an ein zusammenschiebbares Teleskopfernrohr, wie es früher in der Seefahrt verwendet wurde." „Hier sind ein paar Aufgaben zur verallgemeinerten 3. binomischen Formel (6.1)."

b) Faktorisiere $3^4 - x^4$ und $z^3 - 1$.
c) Kürze die Brüche $\frac{x^3-1}{x^2-1}$ und $\frac{a^3-b^3}{a^3-b^3-3a^2b+3ab^2}$.
    (Es wird angenommen, dass die Nenner ungleich 0 sind.)
d) Es sei $p(x) = a_3x^3 + a_2x^2 + a_1x + a_0$ eine Polynomfunktion mit ganzzahligen Koeffizienten a_0, a_1, a_2, a_3. Beweise, dass die Differenz $p(19) - p(12)$ durch 7 teilbar ist.

„Habt ihr die Formel (6.2) schon einmal gesehen, Anna und Bernd?"

$$x^3 + y^3 = (x + y)(x^2 - xy + y^2) \tag{6.2}$$

Anna und Bernd verneinen. „Die Formel (6.2) kann sehr nützlich sein. Sie ist ein Spezialfall einer weiteren binomischen Formel, die es aber nur für ungerade Exponenten gibt. Deswegen kennt ihr auch keine entsprechende Formel für $n = 2$", fährt Emmy fort.

Weitere binomische Formel Für alle $x, y \in \mathbb{R}$ und $k \in \mathbb{N}$ gilt

$$x^{2k+1} + y^{2k+1} = (x + y)(x^{2k} - x^{2k-1}y + x^{2k-2}y^2 - \cdots + y^{2k}) \tag{6.3}$$

e) Beweise Gl. (6.3) durch Ausmultiplizieren der Klammern.
    Tipp: Multipliziere $(x + y)$ nacheinander mit $x^{2k}, -x^{2k-1}y, \ldots, +y^{2k}$.

„Jetzt ist mir auch klar, warum es für den Exponenten $n = 2$ keine zu Gl. (6.3) vergleichbare Formel gibt. In der zweiten Klammer besitzen der erste und der letzte Summand positive Vorzeichen. Also muss die Anzahl der Summanden ungerade sein", erklärt Bernd stolz. „Aber für $n = 2$ kämen nur $x^1 y^0$ und $x^0 y^1$ als Summanden in Frage."

f) Faktorisiere $c^3 + 27$ und $a^5 + b^5$.

g) Kürze die Brüche $\frac{r^3 + q^3}{r^2 - q^2}$ und $\frac{a^3 + b^3}{a^3 + 3a^2 b + 3ab^2 + b^3}$.
   (Es wird angenommen, dass die Nenner ungleich 0 sind.)

„Sind wir heute etwa schon fertig?", fragt Anna erstaunt. „Nein, noch lange nicht. Ich habe euch noch ein paar Aufgaben mitgebracht, bei denen sich der binomische Lehrsatz und die binomischen Formeln als sehr nützlich erweisen werden, die ihr heute kennengelernt habt."

h) Berechne $\sum_{j=0}^{8} 2^j \binom{8}{j}$. Tipp: Verwende den binomischen Lehrsatz.

i) Die Seitenlängen eines Dreiecks werden mit a, b, c bezeichnet. Das Dreieck ist genau dann gleichseitig, wenn

$$a^2 + b^2 + c^2 = ab + ac + bc \tag{6.4}$$

j) Beweise: Wenn $n \in \mathbb{N}$ keine Primzahl ist, dann ist auch $2^n - 1$ keine Primzahl.

„Primzahlen interessieren Mathematiker schon sehr lange", erklärt Emmy. „Ihr habt gerade gezeigt, dass $2^n - 1$ nur dann eine Primzahl sein kann, wenn n selbst eine Primzahl ist. Solche Primzahlen bezeichnet man zu Ehren des französischen Theologen, Mathematikers und Musiktheoretikers Marin Mersenne (1588–1648) *Mersenne-Primzahlen*."

k) Es sei $(10 \ldots 01)_g$ die g-adische Darstellung einer natürlichen Zahl n (2022 Nullen). Beweise, dass n keine Primzahl ist.

Anna und Bernd haben sich wieder einmal wacker geschlagen, wirken ein wenig erschöpft. „Wenn ihr die letzten beiden Aufgaben gelöst habt, sind wir für heute fertig", sagt Emmy.

l) Löse den alten MaRT-Fall. Also: Welche natürlichen Zahlen n und m erfüllen Gl. (6.5)?

$$7^n + 1 = m^3 \tag{6.5}$$

m) Bestimme alle positiven ganzzahligen Paare (n, m), die die Gl. (6.6) lösen.

$$n^3 - m^3 = 331 \tag{6.6}$$

Anna, Bernd und die Schüler

„Ich bin ganz überrascht, dass es binomische Formeln für beliebige natürliche Exponenten gibt. Und ich hätte auch nicht gedacht, dass sie so vielfältig anwendbar sind", sagt Anna erstaunt. Bernd erklärt: „Wenn man Techniken in unterschiedlichen Kontexten anwendet, motiviert dies und vertieft das Verständnis. Wenn wir selbst einmal Mentoren sind, sollten wir versuchen, möglichst abwechslungsreiche Aufgaben zu stellen. Wir sollten immer gut vorbereitet sein. Anna, weißt du eigentlich, dass Emmy wie Emmy Noether heißt? Ich habe gestern eine Kurzbiographie von ihr gelesen. Emmy Noether war eine bedeutende deutsche Mathematikerin."[1]

Was ich in diesem Kapitel gelernt habe

- Ich habe zwei weitere binomische Formeln kennengelernt. Der Exponent darf auch hier größer als 2 sein.
- Ich habe diese binomischen Formeln und den binomischen Lehrsatz angewendet.
- Ich weiß, was man unter Faktorisieren versteht.
- Ich habe wieder Beweise geführt.

---

[1] Amalie Emmy Noether (1882–1935) war eine deutsche Mathematikerin, die wichtige Beiträge zur Algebra und theoretischen Physik geliefert hat; vgl. z. B. Stewart (2020, Kap. 20).

Arithmetisch oder geometrisch – das ist hier die Frage 7

„Hallo Carl Friedrich! Was machen wir heute?" „Heute befassen wir uns mit Unglei-chungen." „Ungleichungen kennen wir aus der Schule. Die waren im letzten und in diesem Schuljahr dran", bemerkt Bernd. „Als angehende Mentoren dürft ihr ausnahmsweise zwei Aufgaben selbst stellen", erlaubt Carl Friedrich, „und die Musterlösungen dürft ihr natürlich auch machen. Ich bin schon auf eure Aufgaben gespannt." Anna und Bernd freuen sich, und Anna sagt: „Das machen wir gerne. Wir kennen Ungleichungen wie z. B."

a) Bestimme die Lösungsmenge der Ungleichung $4x + 16 \geq 32$.
b) Für welche $x \in \mathbb{R}$ ist der Term $x^2 - 5x + 6$
   (i) $= 0$, (ii) > 0, (iii) < 0?

„Ich sehe, dass ihr euch mit Ungleichungen auskennt, Anna und Bernd. Die Auf-gaben a) und b) löst man letztlich so, wie man Nullstellen von linearen oder qua-dratischen Gleichungen bestimmt. Heute lernen wir Ungleichungen mit mehreren Variablen kennen. Wir beginnen mit den bekannten Ungleichungen c) und d), die sehr hilfreich sein können. Den alten MaRT-Fall lösen wir wie üblich erst später."

Alter MaRT-Fall In einem Mathematikbuch hatte Justus eine Aufgabe gefunden, die ihn sehr beschäftigte: ‚Es seien $x, y, z > 0$ drei reelle Zahlen, deren Produkt $xyz = 1000$ ist. Wie müssen x, y, z gewählt werden, dass $S = x^2 + y^2 + z^2$ minimal wird, und welchen Wert nimmt S dann an?' Nach einigem Probieren war sich Justus ziemlich sicher, dass $x = y = z = 10$ die gesuchte Lösung ist. Allerdings konnte Justus das nicht beweisen, und das Buch enthielt leider keine Musterlösung.

c) Beweise die Ungleichung (7.1). Wann gilt „="?

S. Schindler-Tschirner und W. Schindler, *Mathematische Geschichten V – Binome, Ungleichungen und Beweise*, essentials, https://doi.org/10.1007/978-3-662-65405-7_7

33

$$x^2 + y^2 \geq 2xy \quad \text{für alle } x, y \in \mathbb{R} \tag{7.1}$$

d) Beweise die Ungleichung (7.2). Wann gilt „="?

$$x + \frac{1}{x} \geq 2 \quad \text{für alle } x > 0 \tag{7.2}$$

„Bevor es weiter geht, benötigen wir ein paar Definitionen."

Definition 7.1 Es seien $x, y \in \mathbb{R}$. Dann ist $\frac{x}{2} + \frac{y}{2}$ das *arithmetische Mittel* und $\sqrt{\frac{x^2+y^2}{2}}$ das *quadratische Mittel* von x und y. Ist $x, y > 0$, bezeichnet man $\sqrt{xy}$ als das *geometrische Mittel*. Ferner bezeichnet $\min\{x, y\}$ das Minimum der Zahlen x und y, während $\max\{x, y\}$ deren Maximum ist.

„Ein Quadrat mit der Seitenlänge $\sqrt{xy}$ hat denselben Flächeninhalt wie ein Rechteck mit den Seitenlängen x und y", stellt Anna fest. „Sehr nützlich ist die so genannte GM-AM-QM-Ungleichung, die das geometrische, das arithmetische und quadratische Mittel der Größe nach ordnet. Dabei steht ,GM' für das geometrisches Mittel, ,AM' für das arithmetische Mittel und ,QM' für das quadratische Mittel", erklärt Carl Friedrich.

Satz 7.1 GM-AM-QM-Ungleichung: Für alle $a, b > 0$ gilt

$$\min\{a, b\} \leq \sqrt{ab} \leq \frac{a+b}{2} \leq \sqrt{\frac{a^2+b^2}{2}} \leq \max\{a, b\} \tag{7.3}$$

Gleichheit gilt genau dann, wenn $a = b$.

„Wie ihr euch denken könnt, sollt ihr die GM-AM-QM-Ungleichung beweisen. Zuvor habe ich euch noch zwei Aufgaben mitgebracht, damit ihr schon einmal seht, wie nützlich diese Ungleichung ist."

e) Beweise Ungleichung (7.4). Wann gilt „="?

$$\frac{x^3 y}{2} + \frac{xy}{2} \geq x^2 y \quad \text{für alle } x, y > 0 \tag{7.4}$$

f) Für $r, s > 0$ gelte $\frac{1}{r^2} + \frac{1}{s^2} = \frac{1}{18}$. Beweise, dass $rs \geq 36$ ist. Wann gilt „="?

g) Beweise das erste und das letzte Ungleichheitszeichen in (7.3). Wann gilt „="?

Abb. 7.1 Mohrrübenbeet mit den Seitenlängen a und b

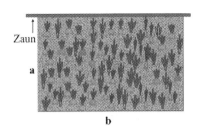

h) Beweise das zweite Ungleichheitszeichen in (7.3). Wann gilt „="?
   Tipp: Forme ein Binom geeignet um.

i) Beweise das dritte Ungleichheitszeichen in (7.3). Wann gilt „="?
   Tipp: Forme ein Binom geeignet um.

„Auch hier sind die binomischen Formeln also wichtig!", bemerkt Anna erstaunt.

j) Seit einiger Zeit besitzt Willi Hortulanus ein eigenes Radieschenbeet im Garten seines Vaters.[1] Sein mathematisch interessierter Vater ist mit seiner Arbeit sehr zufrieden und bietet ihm ein weiteres Beet für Mohrrüben an. Mit 6 m Schnur darf Willi ein rechteckiges Beet abstecken. Eine Seite des Beetes verläuft entlang des Zauns und muss nicht mit der Schnur begrenzt werden (vgl. Abb. 7.1). Bezeichnen a und b die Seitenlängen des Beetes, benötigt Willi $2a + b$ Schnur. Wie groß muss Willi a und b wählen, damit sein Mohrrübenbeet möglichst groß wird?

„Kann man die GM-AM-QM-Ungleichung auf mehr als zwei Zahlen verallgemeinern?", fragt Bernd interessiert. „Ja, das kann man. Zunächst erweitern wir Definition 7.1. Satz 7.2 verallgemeinert Satz 7.1 von zwei auf n Zahlen. Den Beweis schenken wir uns", lächelt Carl Friedrich. „Das ist ja eine angenehme Überraschung", erwidert Bernd erleichtert.

Definition 7.2 Es seien $x_1, \ldots, x_n \in \mathbb{R}$. Dann ist $\frac{x_1 + \cdots + x_n}{n}$ das *arithmetische Mittel* und $\sqrt{\frac{x_1^2 + \cdots + x_n^2}{n}}$ das *quadratische Mittel* von $x_1, \ldots, x_n$. Ist $x_1, \ldots, x_n > 0$, so bezeichnet man $\sqrt[n]{x_1 \cdots x_n}$ als das *geometrische Mittel*. Ebenso bezeichnen $\min\{x_1, \ldots, x_n\}$ und $\max\{x_1, \ldots, x_n\}$ das Minimum bzw. das Maximum von $x_1, \ldots, x_n$.

---

[1] vgl. Mathematische Geschichten IV (Schindler-Tschirner & Schindler 2021b, Kap. 4).

Satz 7.2 GM-AM-QM-Ungleichung ($n \geq 2$): Für alle $a_1, \ldots, a_n > 0$ gilt

$$\min\{a_1, \ldots, a_n\} \leq \sqrt[n]{a_1 \cdots a_n} \leq \frac{a_1 + \cdots + a_n}{n}$$

$$\leq \sqrt{\frac{a_1^2 + \cdots + a_n^2}{n}} \leq \max\{a_1, \ldots, a_n\} \qquad (7.5)$$

Gleichheit gilt genau dann, wenn $a_1 = \ldots = a_n$.

k) Gegeben sei ein Quader mit den Kantenlängen $x, y, z > 0$ und dem Volumen $xyz = 8\,\text{cm}^3$. Beweise, dass die Oberfläche des Quaders $\geq 24\,\text{cm}^2$ ist. Kann man x, y, z so wählen, dass Gleichheit gilt?

„Jetzt ist nur noch der alte MaRT-Fall offen. Dann sind wir für heute fertig", sagt Carl-Friedrich.

l) (alter MaRT-Fall, Teil I) Beweise, dass für alle x, y, $z > 0$ mit $xyz = 1000$ die Ungleichung $S \geq 300$ gilt.
m) (alter MaRT-Fall, Teil II) Beweise, dass das Minimum $S = 300$ nur für $x = y = z = 10$ angenommen wird.

Anna, Bernd und die Schüler

„Die GM-AM-QM-Ungleichung ist ja wirklich universell einsetzbar", stellt Anna fest, und Bernd ergänzt: „Durch die vielen Beispiele habe ich die Ungleichung gut verinnerlicht."

Kurz darauf kommt Emmy in den Übungsraum. Carl Friedrich und Emmy loben Anna und Bernd für ihre Leistungen. „Wie bei euren beiden ersten Aufnahmeprüfungen[2] müsst ihr 12 Herausforderungen bestehen. Wir freuen uns schon auf die zweite Halbzeit." „Hoffentlich bleibt es so spannend", antworten Anna und Bernd.

Was ich in diesem Kapitel gelernt habe

- Ich habe mich mit Ungleichungen befasst.
- Ich habe wieder Beweise geführt.
- Ich kenne jetzt die GM-AM-QM-Ungleichung und habe sie angewendet.

_____

[2] vgl. Mathematische Gechichten I - IV (Schindler-Tschirner & Schindler 2019a, 2019b, 2021a, 2021b).

Teil II
Musterlösungen

Teil II enthält ausführliche Musterlösungen zu den Aufgaben aus Teil I. Um umständliche Formulierungen zu vermeiden, wird im Folgenden normalerweise nur der „Kursleiter" angesprochen. Tab. II.1 zeigt die wichtigsten mathematischen Techniken, die in den Aufgabenkapiteln zur Anwendung kommen.

In den Musterlösungen werden auch die mathematischen Ziele der einzelnen Kapitel erläutert, und am Ende werden Ausblicke über den Tellerrand hinaus gegeben, wo die erlernten mathematischen Techniken und Methoden in und außerhalb der Mathematik noch Einsatz finden. Zuweilen wird auf historische Bezüge hingewiesen. Dies mag die Schüler zusätzlich motivieren, sich mit der Thematik des jeweiligen Kapitels weitergehend zu beschäftigen. Außerdem kann es ihr Selbstvertrauen fördern, wenn sie erfahren, dass die erlernten Techniken auch im Studium Anwendung finden.

Jedes Aufgabenkapitel endet mit einer Zusammenstellung „Was ich in diesem Kapitel gelernt habe". Dies ist ein Pendant zu Tab. II.1, allerdings in schülergerechter Sprache. Der Kursleiter kann die Lernerfolge mit den Teilnehmern gemeinsam erarbeiten. Dies kann z. B. beim folgenden Kurstreffen geschehen, um das letzte Kapitel noch einmal zu rekapitulieren.

Tab. II.1 Übersicht: Mathematische Inhalte der Aufgabenkapitel

Kapitel	Mathematische Techniken
Kap. 2	Vollständige Induktion, unterschiedliche Anwendungen
Kap. 3	Vollständige Induktion, Anwendung auf Folgen und Mengen
Kap. 4	Satz des Thales, Kongruenzsätze, Peripheriewinkelsatz, Mittelpunktswinkelsatz
Kap. 5	Binomischer Lehrsatz, Beweis und Anwendungsaufgaben
Kap. 6	Binomische Formeln für natürliche Exponenten ≥ 2, vielfältige zahlentheoretische Anwendungen
Kap. 7	Ungleichungen, insbesondere GM-AM-QM-Ungleichung, Anwendungen, Extremwertaufgaben

Musterlösung zu Kap. 2

8

In den beiden ersten Aufgabenkapiteln wird die Beweistechnik der vollständigen Induktion eingeführt, die in vielen mathematischen Gebieten Anwendung findet. Ein Potpourri unterschiedlicher Übungsaufgaben unterstreicht die universelle Anwendbarkeit.

Didaktische Anregung Aufgabe a) erscheint relativ einfach, ist aber für das grundsätzliche Verständnis wichtig und sollte daher von allen Schülern verstanden werden. Die Aufgaben b) – e) stellen typische Anwendungsaufgaben dar, an denen die Schüler das allgemeine Vorgehen einüben, verstehen und verinnerlichen sollen. Stellt der Kursleiter fest, dass der Stoff noch nicht richtig „sitzt", kann er aus Standardwerken weitere Übungsaufgaben auswählen; vgl. z. B. (Meier, 2003). Es sei angemerkt, dass die Begriffe „Induktionsanfang" und „Induktionsschritt" in der Literatur nicht einheitlich verwendet werden. Daneben sind u. a. die (synonym verwendeten) Begriffe „Induktionsverankerung" und „Induktionsschluss" gebräuchlich.

a) Dann wäre die Gaußsche Summenformel nur für $n \geq 4$ bewiesen, aber nicht für $n = 1, 2, 3$.

b) Berechnet man die Summen für $n = 1, 2, 3, 4$, erhält man $1 = 1$, $1 + 3 = 4$, $1 + 3 + 5 = 9$ und $1 + 3 + 5 + 7 = 16$. Dies legt die folgende Vermutung (zu beweisende Behauptung) nahe:

$$1 + 3 + \cdots + (2n - 1) = n^2 \quad \text{für alle } n \in \mathbb{N} \tag{8.1}$$

Induktionsanfang: für $n = 1$: Setzt man $n = 1$ in die linke und die rechte Seite von Gl. (8.1) ein, erhält man $1 = 1$, womit der Induktionsanfang gezeigt ist.
Induktionsannahme: Es gilt $1 + 3 + \cdots + (2k - 1) = k^2$ für alle $k \leq n$.
Induktionsschritt: Ersetzt man $1 + 3 + \cdots + (n - 1)$ durch die Induktionsannahme, folgt

$$1 + 3 + \cdots + (2n - 1) + (2n + 1) = n^2 + (2n + 1) = (n + 1)^2 \qquad (8.2)$$

Damit ist der Induktionsschritt gezeigt.

c) Einsetzen von $n = 1, 2, 3, 4, 5$ zeigt, dass die Aussage für $n \leq 4$ falsch und für $n = 5$ richtig ist. Daraus folgt die Vermutung (zu beweisende Behauptung)

$$n^2 < 2^n \quad \text{für alle } n \geq 5 \qquad (8.3)$$

Induktionsanfang: für $n = 5$: Einsetzen in Gl. (8.3) liefert $5^2 = 25 < 32 = 2^5$.
Induktionsannahme: Es gilt $k^2 < 2^k$ für alle $5 \leq k \leq n$.
Induktionsschritt: Für $n \geq 5$ ist $3 < n$ und damit auch $3n < n^2$. Daraus folgt das zweite Ungleichheitszeichen in (8.4), während sich das letzte Ungleichheitszeichen aus der Induktionsannahme ($n^2 < 2^n$) ergibt.

$$(n + 1)^2 = n^2 + 2n + 1 < n^2 + 3n < n^2 + n^2 < 2^n + 2^n = 2^{n+1} \qquad (8.4)$$

Damit ist der Induktionsschritt gezeigt.

d) Die zu beweisende Aussage wurde bereits in der Aufgabenstellung formuliert.
Induktionsanfang: für $n = 1$: Einsetzen von $n = 1$ ergibt $1^3 - 1 = 0$, womit der Induktionsanfang gezeigt ist.
Induktionsannahme: Die Differenz $k^3 - k$ ist für alle $k \leq n$ durch 3 teilbar.
Induktionsschritt: Ausmultiplizieren und Zusammenfassen liefert Gl. (8.5).

$$(n+1)^3 - (n+1) = n^3 + 3n^2 + 3n + 1 - (n+1) = (n^3 - n) + 3(n^2 + n) \qquad (8.5)$$

Nach Induktionsannahme ist $n^3 - n$ durch 3 teilbar, und $3(n^2 + n)$ ist es offensichtlich auch. Damit ist der Induktionsschritt gezeigt.

e) Es bleibt zu beweisen, dass das linke Gleichheitszeichen in Gl. (2.1) für alle $n \in \mathbb{N}$ richtig ist. Dass das rechte Gleichheitszeichen stimmt, hat Anna ja bereits in Kap. 2 gezeigt.
Induktionsanfang: für $n = 1$: Einsetzen von $n = 1$ in Gl. (2.1) ergibt $1^3 = 1^2 = 1$.
Induktionsannahme: Es gilt $1^3 + 2^3 + \cdots + k^3 = (1 + 2 + \cdots + k)^2$ für alle $k \leq n$.
Induktionsschritt: Das erste Gleichheitszeichen in Gl. (8.6) folgt aus der ersten binomischen Formel. Wendet man die Induktionsannahme auf $(1 + \cdots + n)^2$ und die Gaußsche Summenformel auf $1 + \cdots + n$ an, folgt das zweite Gleichheitszeichen.

$$(1 + \cdots + n + (n+1))^2 = (1 + \cdots + n)^2 + 2(1 + 2 + \cdots + n)(n+1)$$
$$+ (n+1)^2$$
$$= 1^3 + \cdots + n^3 + n(n+1)^2 + (n+1)^2$$
$$= 1^3 + \cdots n^3 + (n+1)^3 \tag{8.6}$$

Ausklammern von $(n+1)^2$ im zweiten und dritten Summanden ergibt das dritte Gleichheitszeichen, womit der Induktionsschritt gezeigt ist.

Didaktische Anregung Durch die beiden letzten Aufgaben lernen die Schüler weitere Anwendungen der vollständigen Induktion kennen. Die vielseitige Anwendbarkeit der vollständigen Induktion sollte den Schülern bewusst gemacht werden.

f) Die zu beweisende Behauptung wurde bereits in der Aufgabenstellung formuliert.
Induktionsanfang: für $n = 4$: Ein konvexes 4-Eck besitzt zwei Diagonalen, die die gegenüberliegenden Ecken verbinden. Einsetzen in die Behauptung ergibt $\frac{4(4-3)}{2} = 2$, womit der Induktionsanfang gezeigt ist.
Induktionsannahme: Für $4 \le k \le n$ gilt: Jedes konvexe (ebene) k-Eck besitzt $\frac{k(k-3)}{2}$ Diagonalen.
Induktionsschritt: Es bezeichnen $P_1, P_2, \ldots, P_{n+1}$ die Ecken eines konvexen $(n+1)$-Ecks E_{n+1} gegen den Uhrzeigersinn. Dann begrenzen $P_1, P_2, \ldots, P_n$ ein konvexes n-Eck E_n, welches nach Induktionsannahme $\frac{n(n-3)}{2}$ Diagonalen besitzt. Für E_{n+1} kommen noch $n-1$ weitere Diagonalen hinzu: $\overline{P_2 P_{n+1}}, \ldots,$ $\overline{P_{n-1}P_{n+1}}$ und $\overline{P_1 P_n}$ (jetzt Diagonale!). Also besitzt E_{n+1}

$$\frac{n(n-3)}{2} + n - 1 = \frac{(n+1)(n-2)}{2} \tag{8.7}$$

Diagonalen, womit der Induktionsschritt gezeigt ist.

g) Es ist zu beweisen, dass für alle $n \in \mathbb{N}$ gilt: Wählt man aus $2^n \times 2^n$ Quadraten eines aus, kann man den Rest vollständig mit Triquads überdecken.
Induktionsanfang: für $n = 1$: Für $n = 1$ umfasst der Fußboden genau vier Quadrate. Für jedes ausgewählte Quadrat können die übrigen Quadrate mit einer 3er-Kombination überdeckt werden, indem man diese geeignet dreht.
Induktionsannahme: Für Fußböden, die $2^k \times 2^k$ Quadrate umfassen, ist die Behauptung des Verkäufers richtig ($k \le n$).
Induktionsschritt: In diesem Beispiel wird die Induktionsannahme gleich mehrfach ausgenutzt. Der Fußboden ist quadratisch und umfasst $2^{n+1} \times 2^{n+1}$ kleine Quadrate. In Abb. 8.1(a) wurde ein Quadrat beispielhaft ausgewählt (kariert

gezeichnet). Wir zerlegen den gesamten Fußboden in vier Quadrate, die jeweils $2^n \times 2^n$ kleine Kacheln umfassen; vgl. Abb. 8.1(b). Nach Induktionsannahme kann man das $2^n \times 2^n$-Quadrat, das das karierte Quadrat enthält, bis auf dieses Quadrat vollständig mit Triquads überdecken. (In Abb. 8.1(b) nehmen wir der Einfachheit halber an, dass alle Triquads orange sind. Natürlich hat die Farbe keine Auswirkung auf den Beweis.) Bei den drei übrigen $2^n \times 2^n$-Quadraten lassen wir das Eckquadrat frei, das an das Zentrum des großen Quadrats angrenzt (in Abb. 8.1(b) schraffiert). Nach Induktionsannahme ist dies möglich. Die drei freigelassenen Felder können mit einem Triquad überdeckt werden. Damit ist der Induktionsschritt gezeigt.

Mathematische Ziele und Ausblicke

Die vollständige Induktion ist eine Beweistechnik, die in verschiedenen mathematischen Gebieten Anwendung findet, etwa in der Analysis, der Kombinatorik, der Zahlentheorie und der Graphentheorie. Sie steht häufig in Mathematik-Leistungskursen auf dem Programm und ist Standardstoff von Anfängervorlesungen zur Analysis und der Informatik. Vollständige Induktion wird regelmäßig für Aufgaben bei Mathematikwettbewerben benötigt, insbesondere beim Bundeswettbewerb Mathematik (Specht et al., 2020). Ab Seite 280 findet man alle Aufgaben des Bundeswettbewerbs Mathematik aus den Jahren 1970 bis 2020. Die „Teppichbodenaufgabe" (g) kam (in einer nüchterneren Formulierung) übrigens auch im Bundeswettbewerb Mathematik vor (1981, 1. Runde, Aufgabe 3).

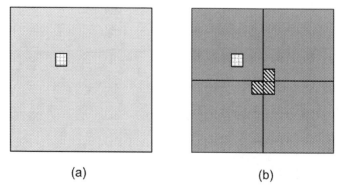

(a)   (b)

Abb. 8.1 (a) die karierte Kachel wird nicht überdeckt, (b) Überdeckung mit orangefarbenen Triquads

Musterlösung zu Kap. 3

9

Kap. 3 setzt Kap. 2 inhaltlich fort. Es werden neue Anwendungen besprochen. Zu Beginn gilt es, einen Fehler in einem Induktionsbeweis zu entdecken. Die Aufgaben b) – e) sind „Standardanwendungen" der vollständigen Induktion.

Didaktische Anregung Der alte MaRT-Fall sollte ausführlich besprochen werden. Er erinnert daran, dass man beim Beweisen stets umsichtig zu Werke gehen sollte. Außerdem sollen die Schüler lernen, bei Widersprüchen und Paradoxien kühlen Kopf zu bewahren und zu versuchen, den Ursachen auf den Grund zu gehen.

a) Der Induktionsschritt bricht von $n = 1$ auf $n = 2$ zusammen. Ist beispielsweise das Gummibärchen gb_2 rot, sagt die Induktionsannahme (für $n = 1$, also für einelementige Teilmengen) nichts über das Gummibärchen gb_1 aus.

b) *Induktionsanfang:* für $n = 1$: Einsetzen von $n = 1$ in Gl. (3.1) ergibt $1^2 = \frac{1(1+1)(2 \cdot 1+1)}{6} = \frac{1 \cdot 2 \cdot 3}{6} = 1$.
Induktionsannahme: Gl. (3.1) ist für alle $k \leq n$ richtig, wenn man n durch k ersetzt.
Induktionsschritt: Das erste Gleichheitszeichen folgt aus der Induktionsannahme, und den Rest zeigt man mit elementaren Umformungen.

$$1^2 + 2^2 + \cdots + n^2 + (n + 1)^2 = \frac{n(n + 1)(2n + 1)}{6} + (n + 1)^2 =$$

$$\frac{2n^3 + 3n^2 + n + 6n^2 + 12n + 6}{6} = \frac{2n^3 + 9n^2 + 13n + 6}{6} =$$

$$\frac{(n + 1)(n + 2)(2n + 3)}{6} = \frac{(n + 1)((n + 1) + 1)(2(n + 1) + 1)}{6} \quad (9.1)$$

Damit ist der Induktionsschritt gezeigt.

© Der/die Autor(en), exklusiv lizenziert an Springer-Verlag GmbH, DE, ein Teil von Springer Nature 2022
S. Schindler-Tschirner und W. Schindler, *Mathematische Geschichten V – Binome, Ungleichungen und Beweise*, essentials, https://doi.org/10.1007/978-3-662-65405-7_9

c) *Induktionsanfang:* für $n = 1$: Einsetzen von $n = 1$ ergibt $3^{1+1} + 7^{3 \cdot 1+1} = 9 + 2401 = 2410$, womit der Induktionsanfang gezeigt ist.
Induktionsannahme: Für alle $k \le n$ ist $3^{k+1} + 7^{3k+1}$ durch 5 teilbar.
Induktionsschritt: Das erste Gleichheitszeichen ergibt sich aus der Induktionsannahme, und der Rest folgt mit elementaren Umformungen. Beachte: $7^3 - 3 = 340$.

$$3^{n+1+1} + 7^{3(n+1)+1} = 3 \cdot 3^{n+1} + 7^3 \cdot 7^{3n+1} = 3\left(3^{n+1} + 7^{3n+1}\right) + 340 \cdot 7^{3n+1}$$
$$(9.2)$$

Der Klammerterm auf der rechten Seite ist nach Induktionsannahme ein Vielfaches von 5, und der zweite Summand auch, weil 340 ein Vielfaches von 5 ist.
Anmerkung: Anstatt durch vollständige Induktion kann der Beweis alternativ mit der Modulo-Rechnung geführt werden; vgl. z. B. Mathematische Geschichten IV (Schindler-Tschirner & Schindler, 2021b), Kap. 5, oder (Menzer & Althöfer, 2014), Abschn. 2.4. Mit $(-1)^{n+1} = (-1)^n \cdot (-1)$ und $2^{2n} = 4^n$ folgt

$$3^{n+1} + 7^{3n+1} \equiv (-2)^{n+1} + 2^{3n+1} \equiv (-1)^{n+1} \cdot 2^{n+1} + 2^{n+1} \cdot 2^{2n} \equiv \quad (9.3)$$
$$2^{n+1}\left((-1)^{n+1} + 4^n\right) \equiv 2^{n+1}\left((-1)^{n+1} + (-1)^n\right) \equiv 0 \bmod 5$$

d) *Induktionsanfang:* für $n = 1$: Einsetzen von $n = 1$ ergibt $1 + x = \frac{x^2-1}{x-1} = x + 1$, womit der Induktionsanfang gezeigt ist.
Induktionsannahme: Für alle $k \le n$ gilt (3.2).
Induktionsschritt: Einsetzen der Induktionsannahme ergibt

$$1 + x + x^2 + \cdots + x^n + x^{n+1} = \frac{x^{n+1}-1}{x-1} + x^{n+1} = \frac{x^{n+2}-1}{x-1} \quad (9.4)$$

e) Die Gesamtanzahl der Reiskörner folgt aus Gl. (3.2), indem man $x = 2$ und $n = 63$ einsetzt: Es sind $\frac{2^{64}-1}{2-1} = 2^{64} - 1$ Reiskörner.

Nach „Standardaufgaben" Aufgaben b) – e) zeigt f) ein neues Anwendungsgebiet. Die Aussage wird übrigens in Kap. 5 und in (Schindler-Tschirner & Schindler, 2022) noch zwei Mal bewiesen, allerdings mit völlig anderen Techniken.

f) Der Beweis wird mit vollständiger Induktion geführt. Für den Beweis sind nicht die Mengen selbst, sondern nur die Anzahl ihrer Elemente von Bedeutung. Innerhalb dieses Beweises definieren wir $M_n = \{1, \ldots, n\}$.
Induktionsanfang: für $n = 1$: Die Menge M_1 besitzt zwei Teilmengen, und zwar $\{\}$ und $\{1\}$, womit der Induktionsanfang gezeigt ist.

Induktionsannahme: Für alle $k \le n$ besitzt M_k genau 2^k Teilmengen.

Induktionsschritt: Es sei $A \subseteq M_n$. Dann sind A und $A \cup \{n+1\}$ unterschiedliche Teilmengen von M_{n+1}. Wir haben also aus einer Teilmenge von M_n zwei Teilmengen von M_{n+1} konstruiert. Als nächstes zeigen wir, dass (i) jede Teilmenge $B \subseteq M_{n+1}$ auf diese Weise erzeugt werden kann, und dass (ii) dies nur mit genau einer Teilmenge $A \subseteq M_n$ möglich ist.

Sei nun $B \subseteq M_{n+1}$. Setze $A = B \cap M_n$. Ist $n+1 \in B$, so ist $B = A \cup \{n+1\}$, ansonsten ist $B = A$, womit (i) gezeigt ist. Angenommen, es wäre $B = A$ und $B = A'$ (wenn $n+1 \notin B$), dann ist $A = A'$. Ebenso folgt aus $A \cup \{n+1\} = B = A' \cup \{n+1\}$, dass $B \cap M_n = A = A'$.

Mit diesen Vorüberlegungen folgt aus der Induktionsannahme, dass die Menge M_{n+1} genau $2 \cdot 2^n = 2^{n+1}$ Teilmengen besitzt, womit der Induktionsschritt gezeigt ist.

Der Rest von Kap. 3 befasst sich mit Folgen.

g) Es ist $b_{76} = 2 \cdot 76 + 3 = 155$ und $b_{2022} = 2 \cdot 2022 + 3 = 4047$.

h) Es ist $f_3 = f_1 + f_2 = 1 + 1 = 2$, $f_4 = 1 + 2 = 3$, $f_5 = 2 + 3 = 5$, $f_6 = 3 + 5 = 8$, $f_7 = 5 + 8 = 13$ und $f_8 = 8 + 13 = 21$.

i) *Induktionsanfang:* für $n = 1$ und $n = 2$: Einsetzen in Gl. (3.4), Ausmultiplizieren und Zusammenfassen ergibt

$$f_1 = \frac{\left(\frac{1+\sqrt{5}}{2}\right)^1 - \left(\frac{1-\sqrt{5}}{2}\right)^1}{\sqrt{5}} = 1 \,, \quad f_2 = \frac{\left(\frac{1+\sqrt{5}}{2}\right)^2 - \left(\frac{1-\sqrt{5}}{2}\right)^2}{\sqrt{5}} = 1 \quad (9.5)$$

Damit ist gezeigt, dass die Formel (3.4) für $n = 1$ und $n = 2$ richtig ist.

Induktionsannahme: Für alle $k \le n$ gilt Gl. (3.4)

Induktionsschritt: Einsetzen der Induktionsannahme in die Rekursionsformel Gl. (3.3) ergibt nach geeignetem Zusammenfassen der Terme

$$\begin{aligned} f_{n+1} = f_{n-1} + f_n &= \frac{\left(\frac{1+\sqrt{5}}{2}\right)^{n-1} - \left(\frac{1-\sqrt{5}}{2}\right)^{n-1}}{\sqrt{5}} + \frac{\left(\frac{1+\sqrt{5}}{2}\right)^n - \left(\frac{1-\sqrt{5}}{2}\right)^n}{\sqrt{5}} \\ &= \frac{\left(\frac{1+\sqrt{5}}{2}\right)^{n-1}\left(1 + \frac{1+\sqrt{5}}{2}\right)}{\sqrt{5}} - \frac{\left(\frac{1-\sqrt{5}}{2}\right)^{n-1}\left(1 + \frac{1-\sqrt{5}}{2}\right)}{\sqrt{5}} \end{aligned}$$

$$= \frac{\left(\frac{1+\sqrt{5}}{2}\right)^{n-1}\left(\frac{1+\sqrt{5}}{2}\right)^{2}}{\sqrt{5}} - \frac{\left(\frac{1-\sqrt{5}}{2}\right)^{n-1}\left(\frac{1-\sqrt{5}}{2}\right)^{2}}{\sqrt{5}}$$

$$= \frac{\left(\frac{1+\sqrt{5}}{2}\right)^{n+1}}{\sqrt{5}} - \frac{\left(\frac{1-\sqrt{5}}{2}\right)^{n+1}}{\sqrt{5}} \tag{9.6}$$

Man muss den Induktionsanfang für zwei Folgenglieder zeigen, weil f_{n+1} von zwei Vorgängern abhängt ($\rightarrow$ Induktionsschritt auf $n = 2$ auf $n + 1 = 3$).

Anmerkung: Der doppelte Induktionsanfang in i) scheint dem in Kap. 2 beschriebenen Ablauf zu widersprechen. Diesen scheinbaren Widerspruch könnte man durch die Umformulierung der Induktionsannahme zu ($A'(n) : f_{n-1} = \ldots, f_n = \ldots$) auflösen. Es erscheint kaum möglich, Formel (3.4) aus kleinen Beispielen als Vermutung herzuleiten. Anmerkung: Gl. (3.4) kann man aus einer linearen Differenzengleichung oder mit Hilfe von Erzeugendenfunktionen bestimmen.

j) Aus der Aufgabenstellung ergibt sich die folgende Behauptung

$$a_n < 3 \quad \text{und} \quad a_n < a_{n+1} \quad \text{für alle } n \geq 1 \tag{9.7}$$

Induktionsanfang: für $n = 1$: Einsetzen von $a_1 = 1$ in Gl. (3.5) ergibt $a_2 = \sqrt{2 \cdot 1 + 3} = \sqrt{5} \approx 2,24 < 3$, und es ist offensichtlich auch $a_1 < a_2$.
Induktionsannahme: Für alle $k \leq n$ gelten: $a_k < 3$ und $a_1 < \ldots < a_k < a_{k+1}$.
Induktionsschritt: Einsetzen der Induktionsannahme (1. Ungleichung in (9.7)) in Gl. (3.5) ergibt

$$a_{n+1} = \sqrt{2a_n + 3} < \sqrt{2 \cdot 3 + 3} = \sqrt{9} = 3 \tag{9.8}$$

womit der erste Teil des Induktionsschritts gezeigt ist. Außerdem folgt aus der Induktionsannahme $a_n < a_{n+1}$ die Ungleichung $2a_n + 3 < 2a_{n+1} + 3$, und da beide Seiten positiv sind, schließlich auch

$$a_{n+1} = \sqrt{2a_n + 3} < \sqrt{2a_{n+1} + 3} = a_{n+2} \tag{9.9}$$

womit auch der zweite Teil des Induktionsschritts gezeigt ist.

Mathematische Ziele und Ausblicke

vgl. Kap. 8

In Kap. 4 wird davon ausgegangen, dass die Schüler durch den Schulunterricht mit elementaren Sachverhalten der Geometrie vertraut sind. Die Winkel sind so gewählt, dass die Kenntnis der trigonometrischen Funktionen nicht erforderlich ist.

Didaktische Anregung Gegebenenfalls sollte der Kursleiter die benötigten geometrischen Grundlagen, insbesondere Kongruenz- und Ähnlichkeitssätze, Strahlensätze, Satz des Thales, Satz des Pythagoras, Höhensatz und einfache Flächenberechnungen, kurz wiederholen und einführende Übungsaufgaben stellen.

a) (i) Es ist $a = c \cdot \sin(\alpha)$. Für $\alpha = 30°$ ist $a = c \cdot \sin(30°) = 0{,}5c$.

   (ii) $b^2 = c^2 - a^2 = c^2 - \left(\frac{c}{2}\right)^2 = \frac{3}{4}c^2$ (Satz des Pythagoras), also $b = \frac{\sqrt{3}}{2}c$.

   (iii) Es ist $\sin(\alpha) = \frac{a}{c} = \frac{0{,}5c}{c} = 0{,}5$ und damit $\alpha = 30°$.
   Lösung von (i) und (iii) ohne Sinusfunktion: Eine Achsenspiegelung an der Geraden AC bildet A und C auf sich selbst ab, während B' den Bildpunkt von B bezeichnet. Es ist $|\overline{BC}| = |\overline{CB'}|$ und $\angle ACB' = 180° - \gamma = 90°$. Die Dreiecke ABC und ACB' sind kongruent (Kongruenzsatz SWS). Somit ist das Dreieck ABB' gleichseitig, und (i) ist bewiesen. Es sei ABC^* ein weiteres rechtwinkliges Dreieck mit $\alpha^* = \angle C^*AB$. Aus $|\overline{BC^*}| = a$ folgt $|\overline{AC^*}| = \sqrt{c^2 - a^2}$. Also sind ABC und ABC^* kongruent (Kongruenzsatz SSS), woraus $\alpha^* = 30°$ folgt.

b) Eine Tangente an einen Kreis steht auf dem Radiusvektor senkrecht. Daher sind die Dreiecke AM_1D, AM_2E und AFC in Abb. 10.1 (linke Skizze) rechtwinklig (rechte Winkel in D, E und F). Aus dem Strahlensatz folgt

$$\frac{r}{2r} = \frac{R}{3r + R}, \quad \text{also} \quad 3r + R = 2R \quad \text{und damit} \quad R = 3r \qquad (10.1)$$

S. Schindler-Tschirner und W. Schindler, *Mathematische Geschichten V – Binome, Ungleichungen und Beweise*, essentials, https://doi.org/10.1007/978-3-662-65405-7_10

Wendet man Aufgabe a)(iii) auf das Dreieck AM_1D an, erhält man $\angle DAM_1 = \angle CAF = 30°$ und damit $\angle BCA = 60°$. Genauso folgen $\angle FAB = 30°$ und $\angle ABC = 60°$. Aus a)(i) folgt $2|\overline{FC}| = |\overline{AC}|$. Der Satz des Pythagoras (Dreieck AFC) ergibt $|\overline{FC}| = \frac{|\overline{AF}|}{\sqrt{3}}$. Bezeichnen $A(K)$ die Gesamtfläche der beiden Kreise und $A(D)$ die Fläche des Dreiecks, erhält man durch Einsetzen von Gl. (10.1)

$$\frac{A(K)}{A(D)} = \frac{\pi r^2 + \pi R^2}{|\overline{AF}| \cdot |\overline{FC}|} = \frac{\pi r^2 + \pi R^2}{(3r + 2R)^2 \frac{1}{\sqrt{3}}} = \frac{10 r^2 \pi \sqrt{3}}{9r \cdot 9r} = \frac{10\pi \sqrt{3}}{81} \approx 0{,}672$$

$$(10.2)$$

Didaktische Anregung Die schriftliche Darstellung von Lösungen fällt Schülern erfahrungsgemäß schwer. Wegen der strikt konsekutiven Abfolge der Einzelschritte bieten sich geometrische Konstruktionen (samt Begründungen) als Übung an.

Der Übersichtlichkeit halber werden in c) – e) elementare Konstruktionsschritte (z. B. Konstruktion eines Streckenmittelpunkts) nicht explizit beschrieben.

c) Zunächst legt man auf einer Geraden g den Punkt A fest. Von A trägt man auf g eine Strecke der Länge 1 ab (= D), und von D in derselben Richtung eine Strecke der Länge n (= B). Dann konstruiert man einen Halbkreis k über $\overline{AB}$ und errichtet eine Senkrechte g' in D. Es schneiden sich g' und k im Punkt C. Das Dreieck ABC ist rechtwinklig (Satz des Thales), und $\overline{DC}$ ist die Höhe auf AB. Also ist $|\overline{DC}| = \sqrt{1 \cdot n} = \sqrt{n}$ (Höhensatz von Euklid).

d) Die Schritte (1)–(4) können an Abb. 10.1 (rechte Skizze) nachvollzogen werden.
   (1) Zeichne eine Gerade durch die Punkte P und M.
   (2) Konstruiere den Mittelpunkt A der Strecke $\overline{PM}$.
   (3) Schlage einen Kreis k' um A mit dem Radius $\frac{|\overline{PM}|}{2}(= |AM|)$. Die Kreise k und k' schneiden sich in den Punkten T und T'.
   (4) Zeichne die Gerade PT. Dies ist die Tangente von P an k in T (und PT' ist Tangente in T'). (Beachte: Es ist $\angle MTP = 90°$ (Satz des Thales in Kreis k').)

e) Die Schritte (1)–(4) können an Abb. 10.2 (linke Skizze) nachvollzogen werden.
   (1) Zeichne eine Strecke $\overline{AB}$ der Länge 13 cm und konstruiere den Mittelpunkt M.
   (2) Schlage um M einen Kreis k mit dem Radius $|\overline{MB}|$.
   (3) Konstruiere zu AB eine Parallele g im Abstand 4 cm. Die Gerade g schneidet k in C und C'.

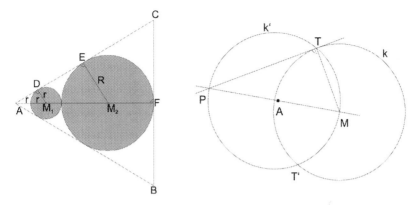

Abb. 10.1 Skizzen zu den Lösungen von b) (links) und d) (rechts)

(4)   Verbinde A und C sowie B und C. Das Dreieck ABC ist rechtwinklig (Satz des Thales) und besitzt die Höhe 4 cm. (Das gilt auch für das Dreieck ABC'.)

Es sei angemerkt, dass die Definition des Mittelpunktswinkels in der Literatur nicht einheitlich ist. In den Aufgaben f) und g) finden der Peripheriewinkelsatz und der Mittelpunktswinkelsatz Anwendung. Zum Beweis der Sätze 4.1, der Umkehrung und 4.2 vgl. z. B. (Specht et al., 2009), Aufgaben A21, K1 u. K2.

f)   Zunächst ergänzen wir Abb. 4.1 (rechte Skizze) zu Abb. 10.2 (mittlere Skizze). Wendet man den Peripheriewinkelsatz auf die Sehne $\overline{AC}$ an, folgt $\angle CDA = \angle CBA$. In der Skizze wird dieser Winkel mit α bezeichnet. Ferner ist $\angle AED = \angle BEC$ (Scheitelwinkel, β in Skizze). Also ist auch $\angle DAE = \angle ECB$, und damit sind die Dreiecke AED und CBE ähnlich. Daraus folgt

$$\frac{|\overline{ED}|}{|\overline{AE}|} = \frac{|\overline{EB}|}{|\overline{CE}|} \tag{10.3}$$

Ausmultiplizieren von Gl. (10.3) liefert Gl. (4.1), womit alles gezeigt ist.

g)   Aus dem Peripheriewinkelsatz und seiner Umkehrung folgt, dass der Rand des Beetes auf einem Kreis k mit Radius r (noch zu berechnen) liegen muss, wobei $\overline{AB}$ eine Sehne von k ist. Der Mittelpunktswinkel beträgt $\angle BMA = 2 \cdot 60° = 120°$ (Mittelpunktswinkelsatz). Daher liegt der Kreismittelpunkt M innerhalb des Beets (vgl. Abb. 10.2, rechte Skizze). Das Dreieck ABM ist gleichschenklig. Daraus folgt $\angle MAB = \angle ABM = 30°$, und das Dreieck ACM ist rechtwinklig,

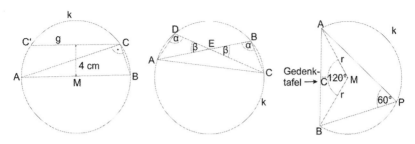

Abb. 10.2 Skizzen zu den Lösungen von e) (links), f) (Mitte) und g) (rechts)

wobei C der Mittelpunkt von $\overline{AB}$ ist. Aus $|\overline{AB}| = s$ folgt mit a)(i) $|\overline{CM}| = \frac{r}{2}$. Aus dem Satz des Pythagoras folgt

$$\left(\frac{s}{2}\right)^2 + \left(\frac{r}{2}\right)^2 = r^2, \quad \text{also} \quad r = \frac{s}{\sqrt{3}}. \quad \text{Daher wird} \qquad (10.4)$$

$$\frac{240}{360} \cdot 2\pi r = \frac{4\pi}{3\sqrt{3}} \cdot s \approx 2{,}418\,s \quad \text{Mosaikband benötigt} \qquad (10.5)$$

Da Zacharias Breuer maximal 10 m Mosaikband zur Verfügung stehen, darf die Gedenktafel höchstens $\frac{10 \cdot 3\sqrt{3}}{4\pi}$ m $\approx \frac{10}{2{,}418}$ m $\approx 4{,}13$ m breit sein.

Mathematische Ziele und Ausblicke

Die Geometrie war bereits in der Antike weit entwickelt. Der Peripheriewinkelsatz ist in Euklids „Elementen" (um 300 v. Chr.) in Kap. III enthalten, und der Satz des Thales war bereits den Babyloniern bekannt. Während im Schulunterricht Geometrie häufig eine eher untergeordnete Rolle spielt, ist sie bei Mathematikwettbewerben omnipräsent, z. B. bei den Mathematik-Olympiaden (Mathematik-Olympiaden e. V., 1996–2016, 2017–2021) und dem Bundeswettbewerb Mathematik (Specht et al., 2020). Exemplarisch sei auf mehrere Olympiadeaufgaben hingewiesen, an denen die Techniken aus Kap. 4 geübt und vertieft werden können: 401024, 401035, 411032, 450846, 521024, 560814. Dabei geben die beiden ersten Ziffern die Olympiade an, die beiden mittleren Ziffern die Klassenstufe, die fünfte Ziffer die Wettbewerbsstufe und sechste Ziffer die Aufgabennummer. Für weitergehende Literatur zur Elementargeometrie sei der interessierte Leser z. B. auf (Specht & Stricht, 2009) und (Meier, 2003, Kap. 10–14), verwiesen.

Die Aufgaben a) und b) knüpfen an Kap. 4 der Mathematischen Geschichten IV (Schindler-Tschirner & Schindler, 2021b) an, in dem bereits binomische Formeln behandelt wurden. Zwar sind die mathematischen Hilfsmittel Schulstoff, aber die Lösungsideen liegen keineswegs auf der Hand, so dass der Kursleiter vermutlich mit gezielten Hinweisen unterstützen muss.

a) Subtrahiert man in Gl. (5.1) $6y$ und sortiert die Terme geeignet um, erhält man

$$x^2 + 2x + 1 + y^2 - 6y + 9 = 1$$
$$(x+1)^2 + (y-3)^2 = 1 \qquad (11.1)$$

Wegen $x, y \in \mathbb{Z}$ sind auch $x+1$ und $y-3$ ganzzahlig. Also muss ein Quadrat 0 und das andere 1 sein. Ist das erste Quadrat 0, so ist $x = -1$ und $y \in \{2, 4\}$. Ist das zweite Quadrat 0, folgt $y = 3$ und $x \in \{-2, 0\}$. Dies ergibt die Lösungsmenge $L = \{(-1, 2), (-1, 4), (-2, 3), (0, 3)\}$.

b) Wir greifen Emmys Tipp auf. Es ist nämlich

$$(n+3)^2 = n^2 + 6n + 9 < n^2 + 7n + 6 < (n+4)^2 \quad \text{für } n \geq 4 \qquad (11.2)$$

Also kann $n^2 + 7n + 6$ für $n \geq 4$ keine Quadratzahl sein, weil zwischen $(n+3)^2$ und $(n+4)^2$ keine weitere Quadratzahl liegt. Setzt man nacheinander $n = 1, 2, 3$ in $n^2 + 7n + 6$ ein, ergibt dies 14, 24 und 36. Also ist $n = 3$ die einzige Lösung.

Didaktische Anregung Die Aufgaben c), d), f) und g) sind relativ einfach. Damit sollen die Schüler mit den neuen Begriffen vertraut werden. Falls erforderlich, sollte der Kursleiter weitere Aufgaben dieses Typs stellen. Fakultät und Binomialkoeffizi-

S. Schindler-Tschirner und W. Schindler, *Mathematische Geschichten V – Binome, Ungleichungen und Beweise*, essentials, https://doi.org/10.1007/978-3-662-65405-7_11

enten wurden bereits in den Mathematischen Geschichten III (Schindler-Tschirner & Schindler, 2021a, Kap. 6 und 7), ausführlich behandelt.

c) Es ist

$$2! = 1 \cdot 2 = 2, \quad 5! = 1 \cdot 2 \cdots 5 = 120, \quad 7! = 1 \cdot 2 \cdots 7 = 5040 \qquad (11.3)$$

d) Ersetzen der Binomialkoeffizienten durch Fakultäten und Kürzen ergibt

$$\binom{3}{2} = \frac{3!}{(3-2)!2!} = 3, \quad \binom{6}{2} = \frac{6!}{(6-2)!2!} = 15, \quad \binom{n}{1} = \frac{n!}{(n-1)!1!} = n \qquad (11.4)$$

e) Das Zahlenbeispiel $n = 4$ macht die Schüler mit dem MaRT-Fall vertraut. Aus Bernds Hinweis folgt, dass es für $n = 4$ genau $\binom{4}{j}$ viele j-elementige Teilmengen gibt. Jede j-elementige Teilmenge besteht aus j Briefmarken. Aus diesen Überlegungen erhält man die Anzahl der auszulegenden Briefmarken.

$$1 \cdot \binom{4}{1} + 2 \cdot \binom{4}{2} + 3 \cdot \binom{4}{3} + 4 \cdot \binom{4}{4} = 1 \cdot 4 + 2 \cdot 6 + 3 \cdot 4 + 4 \cdot 1 = 32 \qquad (11.5)$$

f) In dieser und der nächsten Aufgabe üben die Schüler die Summenschreibweise. Besondere Schwierigkeiten treten nicht auf.

$$\sum_{j=4}^{5}(2j+1) = (2 \cdot 4 + 1) + (2 \cdot 5 + 1) = 20, \quad \sum_{n=11}^{11} n^3 = 11^3 = 1331, \qquad (11.6)$$

$$\sum_{k=2}^{4} 2^k = 2^2 + 2^3 + 2^4 = 28 \qquad (11.7)$$

g) Es ist

$$5 + 10 + 15 + 20 = \sum_{j=1}^{4} 5j \quad \text{und} \quad 4 + 7 + 10 = \sum_{k=1}^{3}(3k+1) \qquad (11.8)$$

Für das zweite Beispiel in Gl. (11.8) wäre übrigens auch $\sum_{k=2}^{4}(3k-2)$ richtig.

Didaktische Anregung In den Aufgaben h)–j) lernen die Schüler, den binomischen Lehrsatz anzuwenden. Je nach Leistungsstand kann es hilfreich sein, wenn der Kursleiter (ggf. individuell) weitere Anwendungsaufgaben stellt.

h) Einsetzen von $n = 4$ in Gl. (5.4) ergibt

$$(x + y)^4 = \sum_{j=0}^{4} \binom{4}{j} x^{4-j} y^j = x^4 + 4x^3 y + 6x^2 y^2 + 4xy^3 + y^4 \tag{11.9}$$

i) Es ist $x - 1 = x + (-1)$. Damit folgt

$$(x - 1)^3 = (x + (-1))^3 = \sum_{j=0}^{3} \binom{3}{j} x^{n-j}(-1)^j = x^3 - 3x^2 + 3x - 1 \tag{11.10}$$

j) Die erste Summe stellt einen Spezialfall der zweiten dar. Deshalb berechnen wir gleich die zweite Summe. Es ist $1^m = 1$ für alle $m \in \mathbb{N}_0$, so dass mit dem binomischen Lehrsatz folgt

$$\sum_{j=0}^{n} \binom{n}{j} = \sum_{j=0}^{n} \binom{n}{j} 1^{n-j} 1^j = (1 + 1)^n = 2^n \tag{11.11}$$

Einsetzen von $n = 4$ in Gl. (11.11) ergibt $\sum_{j=0}^{4} \binom{4}{j} = 2^4 = 16$. Leistungsschwächere Schüler können auch mit der ersten Summe beginnen.

Didaktische Anregung l) und m) sind die anspruchsvollsten Aufgaben dieses Kapitels. Der alte MaRT-Fall stellt die komplexeste Aufgabe dar. Eventuell können k) und l) ausgelassen werden. Vermutlich sind starke Hilfestellungen notwendig.

k) Ersetzt man die Binomialkoeffizienten durch ihre Definition, folgt nach Ausklammern und Zusammenfassen Gl. (5.5):

$$\binom{m}{k-1} + \binom{m}{k} = \frac{m(m-1)\cdots(m-k+2)}{(k-1)!} + \frac{m(m-1)\cdots(m-k+1)}{k!}$$
$$= \frac{k(m(m-1)\cdots(m-k+2)) + (m-k+1)(m(m-1)\cdots(m-k+2))}{k!}$$
$$= \frac{(k+m-k+1)m(m-1)\cdots(m-k+2)}{k!} = \binom{m+1}{k} \tag{11.12}$$

l) *Induktionsanfang:* für $n = 1$: Einsetzen in Gl. (5.4) ergibt $(x + y)^1 = \binom{1}{0} x^1 y^0 + \binom{1}{1} x^0 y^1 = x + y$, womit der Induktionsanfang gezeigt ist.
Induktionsannahme: Der binomische Lehrsatz gilt für alle Exponenten $k \le n$.
Induktionsschritt: Aus der Induktionsannahme folgt zunächst

$$(x + y)^{n+1} = (x + y)^n (x + y) = \left(\sum_{j=0}^{n} \binom{n}{j} x^{n-j} y^j \right)(x + y) \tag{11.13}$$

Ausmultiplizieren ergibt $2(n + 1)$ Summanden. Wir fassen Vielfache gleicher Potenzen $x^i y^k$ zusammen. Es treten x^{n+1} und y^{n+1} auf, und für $1 \leq j \leq n$ erhält man Vielfache von $x^{n+1-j} y^j$ auf zwei Arten: aus $\binom{n}{j} x^{n-j} y^j \cdot x$ und aus $\binom{n}{j-1} x^{n-(j-1)} y^{j-1} \cdot y$. Die rechte Seite von Gl. (11.13) lautet also

$$x^{n+1} + y^{n+1} + \sum_{j=1}^{n} \left(\binom{n}{j} + \binom{n}{j-1} \right) x^{n+1-j} y^j \qquad (11.14)$$

$$= \binom{n+1}{0} x^{n+1} + \sum_{j=1}^{n} \binom{n+1}{j} x^{n+1-j} y^j + \binom{n+1}{n+1} y^{n+1}$$

$$= \sum_{j=0}^{n+1} \binom{n+1}{j} x^{n+1-j} y^j$$

Das vorletzte Gleichheitszeichen folgt aus k), und damit ist alles gezeigt.

m) Wie in e) (Spezialfall $n = 4$) entspricht die erste Summe in Gl. (11.15) der Gesamtanzahl der Briefmarken. Im nächsten Schritt werden die Binomialkoeffizienten durch Fakultäten ersetzt und die Summanden durch j gekürzt. Damit ist Gl. (11.15) gezeigt. Es ist $n-j = (n-1)-(j-1)$. Das erneute Zusammenfassen zu Binomialkoeffizienten und das Ausklammern von n beweisen Gl. (11.16)

$$\sum_{j=1}^{n} j \binom{n}{j} = \sum_{j=1}^{n} \frac{j \cdot n!}{(n-j)! j!} = \sum_{j=1}^{n} \frac{n(n-1)!}{(n-j)!(j-1)!} = \qquad (11.15)$$

$$\sum_{j=1}^{n} n \frac{(n-1)!}{((n-1)-(j-1))!(j-1)!} = \sum_{j=1}^{n} n \binom{n-1}{j-1} = n \sum_{j=1}^{n} \binom{n-1}{j-1} \qquad (11.16)$$

Die rechte Summe beginnt mit $j = 1$ und endet mit $j = n$. Andererseits tritt in den Binomialkoeffizienten stets $j-1$ auf. Daraus folgt schließlich (Verschiebung des Laufindexes!)

$$n \sum_{j=1}^{n} \binom{n-1}{j-1} = n \sum_{k=0}^{n-1} \binom{n-1}{k} = n 2^{n-1} \qquad (11.17)$$

Das letzte Gleichheitszeichen folgt aus Gl. (11.11) für $n - 1$ anstelle von n.

Mathematische Ziele und Ausblicke

vgl. Kap. 12.

In diesem Kapitel lernen die Schüler zwei weitere binomische Formeln für beliebige natürliche Exponenten kennen. Anders als in Kap. 5 werden keine neuen Begriffe eingeführt, die über den Schulstoff hinausgehen. Der Fokus liegt auf den Anwendungsaufgaben und den Ideen, die dort einfließen.

Didaktische Anregung Alle Schüler sollten (eventuell mit Unterstützung des Kursleiters) die einführenden Aufgaben a)–d) bearbeiten und lösen können. Vorher sollten die fortgeschritteneren Aufgaben nicht angegangen werden. Gegebenfalls sollte der Kursleiter (möglicherweise individuell) weitere ähnliche Aufgaben stellen.

a) Wendet man den Tipp an, erhält man durch Ausmultiplizieren

$$\begin{aligned}
(x - y)&(x^{n-1} + x^{n-2}y + x^{n-3}y^2 + \cdots + y^{n-1}) \\
&= x^n - x^{n-1}y^1 + x^{n-1}y^1 - x^{n-2}y^2 + \ldots - x^1 y^{n-1} + x^1 y^{n-1} - y^n \\
&= x^n - y^n
\end{aligned}$$

(12.1)

Vom zweiten bis zum vorletzten Summanden heben sich aufeinanderfolgende Summanden paarweise auf. Es bleiben nur die Terme x^n und $-y^n$ übrig.

b) Aus der 3. binomischen Formel (für n = 4 bzw. n = 3) folgt

$$3^4 - x^4 = (3 - x)(27 + 9x^1 + 3x^2 + x^3)$$

(12.2)

$$z^3 - 1 = (z - 1)(z^2 + z + 1)$$

(12.3)

c Aus der 3. binomischen Formel und dem binomischen Lehrsatz erhält man

$$\frac{x^3 - 1}{x^2 - 1} = \frac{(x-1)(x^2 + x + 1)}{(x-1)(x+1)} = \frac{x^2 + x + 1}{x + 1} \qquad (12.4)$$

$$\frac{a^3 - b^3}{a^3 - b^3 - 3a^2b + 3ab^2} = \frac{(a-b)(a^2 + ab + b^2)}{(a-b)^3} = \frac{a^2 + ab + b^2}{(a-b)^2} \qquad (12.5)$$

d) Setzt man 19 und 12 in $p(x)$ ein, erhält man $p(19) - p(12) =$

$$\left(19^3 a_3 + 19^2 a_2 + 19 a_1 + a_0\right) - \left(12^3 a_3 + 12^2 a_2 + 12 a_1 + a_0\right)$$
$$= \left(19^3 - 12^3\right) a_3 + \left(19^2 - 12^2\right) a_2 + (19 - 12) a_1 \qquad (12.6)$$

Es sind $19^3 - 12^3 = (19 - 12)(19^2 + 19 \cdot 12 + 12^2) = 7 \cdot 733$ und $19^2 - 12^2 = (19 - 12)(19 + 12) = 7 \cdot 31$. Ausklammern ergibt schließlich Gl. (12.7).

$$p(19) - p(12) = 7 \cdot (733 \cdot a_3 + 31 \cdot a_2 + a_1) \qquad (12.7)$$

Damit ist alles gezeigt, da $a_1, a_2, a_3 \in \mathbb{Z}$.
Anmerkung: Die Aussage gilt nicht nur für den Polynomgrad 3, sondern für alle Polynomgrade. Der Beweis geht analog (mögliche Zusatzaufgabe!).

Die Aufgaben e)–g) befassen sich mit der binomischen Formel (6.3). Zielsetzung und Schwierigkeitsgrad ähneln a)–d).

e) Der Beweis funktioniert wie in Aufgabe a). Ausmultiplizieren ergibt

$$(x + y)(x^{2k} - x^{2k-1}y + x^{2k-2}y^2 - \cdots + y^{2k}) \qquad (12.8)$$
$$= x^{2k+1} + x^{2k}y^1 - x^{2k}y^1 - x^{2k-1}y^2 + \ldots - x^1 y^{2k} + x^1 y^{2k} + y^{2k+1}$$
$$= x^{2k+1} + y^{2k+1}$$

Wie in a) heben sich Paare aufeinanderfolgender Summanden auf, und es bleibt nur $x^{2k+1} + y^{2k+1}$ übrig. Damit ist auch Gl. (6.3) bewiesen.

f) Wendet man Gl. (6.3) für $k = 1$ und $k = 2$ an, ergibt dies

$$c^3 + 27 = c^3 + 3^3 = (c + 3)(c^2 - 3c + 9) \qquad (12.9)$$
$$a^5 + b^5 = (a + b)(a^4 - a^3 b + a^2 b^2 - ab^3 + b^4) \qquad (12.10)$$

g) Analog zu c) erhält man

$$\frac{r^3 + q^3}{r^2 - q^2} = \frac{(r+q)(r^2 - rq + q^2)}{(r+q)(r-q)} = \frac{r^2 - rq + q^2}{r - q} \quad (12.11)$$

$$\frac{a^3 + b^3}{a^3 + 3a^2b + 3ab^2 + b^3} = \frac{(a+b)(a^2 - ab + b^2)}{(a+b)^3} = \frac{a^2 - ab + b^2}{(a+b)^2} \quad (12.12)$$

Es folgen unterschiedliche Aufgabentypen, in denen Binome vorkommen. Da die Lösungsansatz nicht immer auf der Hand liegen, muss der Kursleiter vermutlich Tipps geben.

h) Der Beweis funktioniert wie in Kap. 5, Aufgabe j).

$$\sum_{j=0}^{8} \binom{8}{j} 2^j = \sum_{j=0}^{8} \binom{8}{j} 1^{8-j} 2^j = (1+2)^8 = 3^8 = 6561 \quad (12.13)$$

i) Ist das Dreieck gleichseitig, ist $a = b = c$. Dann ist (6.4) erfüllt, und die erste Beweisrichtung ist gezeigt. Angenommen, a, b, c erfüllen Gl. (6.4). Es ist zu zeigen, dass daraus $a = b = c$ folgt. Bringt man alle Summanden auf eine Seite und multipliziert die Gleichung mit 2, erhält durch geeignetes Umsortieren

$$2a^2 + 2b^2 + 2c^2 - 2ab - 2ac - 2bc = 0$$
$$a^2 - 2ab + b^2 + a^2 - 2ac + c^2 + b^2 - 2bc + c^2 = 0$$
$$(a-b)^2 + (a-c)^2 + (b-c)^2 = 0 \quad (12.14)$$

Aus Gl. (12.14) folgt $a = b = c$, womit auch die Rückrichtung bewiesen ist.

Didaktische Anregung Aufgabe i) ist vom Typ „Aussage 1 und Aussage 2 sind gleichwertig". Kann man die Aussagen nicht durch Äquivalenzumformungen direkt ineinander überführen, ist der übliche Weg der folgende: Man beweist zunächst „Aussage 1 impliziert Aussage 2" und danach „Aussage 2 impliziert Aussage 1". Es ist sehr wichtig, dass die Schüler verstehen, dass beide Richtungen notwendig sind.

In den letzten Aufgaben werden Summen und Differenzen faktorisiert. Das ist ein typischer Ansatz, um beispielsweise zu beweisen, dass ein Term keine Primzahl oder eine Potenz ganzer Zahlen ist, oder wenn ganzzahlige Lösungen von Gleichungen mit mehreren Unbekannten gesucht werden.

j) Weil n keine Primzahl ist, gibt es natürliche Zahlen $r, s > 1$, für die $n = rs$ gilt.

$$2^n - 1 = 2^{rs} - 1 = \left(2^r\right)^s - 1 = \left(2^r - 1\right)\left(2^{r(s-1)} + 2^{r(s-2)} + \cdots + 1\right) \quad (12.15)$$

Da beide Klammern > 1 sind, ist $2^n - 1$ keine Primzahl.

k) Es ist $n = g^{2023} + 1$. Mit Gl. (6.3) folgt

$$n = g^{2023} + 1 = (g + 1)(g^{2022} - g^{2021} + \cdots + 1) \tag{12.16}$$

Wegen $g^{j+1} - g^j \geq 1$ ist $(g^{2022} - \ldots + 1) \geq 1012$. Also ist n keine Primzahl.

l) Gl. (6.5) ist gleichwertig zu

$$7^n = m^3 - 1 = (m - 1)(m^2 + m + 1) \tag{12.17}$$

Angenommen, das Paar (n, m) erfüllt Gl. (12.17). Da 7 eine Primzahl ist, ist $m - 1 = 7^u$ für ein $u \in \{0, 1, \ldots, n\}$, und folglich ist $m^2 + m + 1 = 7^{n-u}$. Setzt man $m = 7^u + 1$ in den Term $m^2 + m + 1$ ein, erhält man durch Ausklammern

$$m^2 + m + 1 = \left(7^u + 1\right)^2 + \left(7^u + 1\right) + 1 = 7^u\left(7^u + 3\right) + 3 \tag{12.18}$$

Für $u > 0$ ist 7^u ein Vielfaches von 7, und $m^2 + m + 1$ hat den 7er-Rest 3, was zum Widerspruch führt. Für $u = 0$ ist $m = 2$ und $n = 1$, und Einsetzen ergibt $7^1 + 1 = 2^3$. Daher ist $(n, m) = (1, 2)$ die einzige Lösung von Gl. (12.17).

m) Aus der 3. binomischen Formel folgt

$$n^3 - m^3 = (n - m)(n^2 + nm + m^2) = 331 \tag{12.19}$$

Da n und m ganzzahlig sind, muss $n - m$ ein Teiler von 331 (Primzahl) sein. Wir müssen also zwei Fälle untersuchen: $n - m = 1$ (Fall I) und $n - m = 331$ (Fall II). Fall I: Es ist $n = m + 1$. Einsetzen in $n^2 + nm + m^2$ ergibt die quadratische Gleichung $(m + 1)^2 + (m + 1)m + m^2 = 331$, welche die Lösungen $m_1 = 10$ und $m_2 = -11$ besitzt. Da wir nur positive Lösungen suchen, ist die zweite Lösung irrelevant, aber $(n, m) = (11, 10)$ ist eine Lösung von Gl. (12.19). Fall II: Hier ist $n = m + 331$. Einsetzen in $n^2 + nm + m^2$ führt zu einer quadratischen Gleichung, die keine reelle Lösung besitzt. Also ist $(n, m) = (11, 10)$ die einzige Lösung.

Mathematische Ziele und Ausblicke

Wegen ihrer vielfältigen Anwendungsmöglichkeiten in der Analysis und Zahlentheorie werden die binomischen Formeln (für beliebige natürliche Exponenten) in diesem *essential* intensiv behandelt. Besondere Bedeutung besitzt der binomische Lehrsatz. Aufgaben zum Faktorisieren findet man z. B. in Meier (2003, Kap. 6).

Musterlösung zu Kap. 7

13

Ungleichungen spielen im normalen Schulunterricht eine eher untergeordnete Rolle. Die Aufgaben a) und b) stellen typischen Schulstoff dar und eignen sich als Einstieg in die Thematik.

a) Subtrahiert man von beiden Seiten der Ungleichung 16, erhält man $4x \geq 16$. Teilt man die Ungleichung durch 4, ergibt dies $x \geq 4$. Oder anders ausgedrückt: Die Lösungsmenge ist $L = \{x \in \mathbb{R} \mid x \geq 4\}$.

b) Aus der Lösungsformel für quadratische Gleichungen folgt

$$x_{1/2} = \frac{5 \pm \sqrt{25 - 4 \cdot 6}}{2} = \frac{5 \pm 1}{2} \tag{13.1}$$

Die quadratische Gleichung besitzt also die Nullstellen $x_1 = 3$ und $x_2 = 2$. Damit ist (i) gelöst. Aus dem Satz von Vieta folgt

$$x^2 - 5x + 6 = (x - 3)(x - 2) \tag{13.2}$$

Es ist $(x - 3)(x - 2) > 0$, wenn beide Klammern positiv oder beide Klammern negativ sind. Für (ii) ergibt dies die Lösungsmenge $L_{(ii)} = \{x \in \mathbb{R} \mid x < 2 \text{ oder } x > 3\}$. Für (iii) folgt schließlich $L_{(iii)} = \{x \in \mathbb{R} \mid 2 < x < 3\}$.

In c) und d) beweisen die Schüler zwei bekannte Ungleichungen. Dabei lernen sie elementare, aber typische Beweisideen kennen.

c) Es ist $(x - y)^2 \geq 0$. Multipliziert man das Binom aus und addiert auf beiden Seiten $2xy$, erhält man die Ungleichung (7.1). Gleichheit gilt genau dann, wenn $(x - y)^2 = 0$ ist. Das ist nur für $x = y$ der Fall.

S. Schindler-Tschirner und W. Schindler, *Mathematische Geschichten V – Binome, Ungleichungen und Beweise*, essentials, https://doi.org/10.1007/978-3-662-65405-7_13

d) Ersetzt man in Ungleichung (7.1) $y = 1$, erhält man $x^2 + 1 \geq 2x$. Da $x > 0$ ist, liefert das Teilen durch x Ungleichung (7.2). Gleichheit gilt für $x = 1 (= y)$. Anmerkung: Im Beweis wurde Aufgabe c) verwendet. Man kann d) auch ‚direkt‘ lösen, indem man mit der Ungleichung $(x - 1)^2 \geq 0$ beginnt und wie im Beweis von c) vorgeht.

Die GM-AM-QM-Ungleichung stellt das zentrale Thema dieses Kapitels dar. Der Spezialfall $n = 2$ (Satz 7.1) wird in g), h) und i) bewiesen. Zunächst folgen zwei Anwendungsaufgaben, damit die Schüler mit der Materie vertraut werden.

e) Hier führt die GM-AM-Ungleichung zum Ziel. Setzt man $a = x^3 y$ und $b = xy$, so folgt wegen $x, y > 0$ aus (7.3)

$$\frac{x^3 y}{2} + \frac{xy}{2} \geq \sqrt{x^3 y x y} = \sqrt{x^4 y^2} = x^2 y \qquad (13.3)$$

Gleichheit gilt für $a = b$, d. h. falls $x^3 y = xy$, also falls $xy(x^2 - 1) = 0$. Wegen $xy > 0$ muss $x^2 = 1$ gelten. Wegen $x > 0$ ist dies nur für $x = 1$ der Fall. (Für $y > 0$ bestehen keine Einschränkungen.)

f) Aus der GM-QM-Ungleichung folgt für $a = \frac{1}{r}$ und $b = \frac{1}{s}$

$$\frac{1}{6} = \sqrt{\frac{\frac{1}{r^2} + \frac{1}{s^2}}{2}} \geq \sqrt{\frac{1}{r} \cdot \frac{1}{s}} \qquad (13.4)$$

Es ist also $\frac{1}{rs} \leq \frac{1}{36}$, womit $rs \geq 36$ bewiesen ist. Gleichheit gilt für $r = s = 6$.

g) Es ist

$$\sqrt{ab} \geq \sqrt{\min\{a, b\} \cdot \min\{a, b\}} = \min\{a, b\} \quad \text{und} \qquad (13.5)$$

$$\sqrt{\frac{a^2 + b^2}{2}} \leq \sqrt{\frac{(\max\{a, b\})^2 + (\max\{a, b\})^2}{2}} = \max\{a, b\} \qquad (13.6)$$

In (13.5) gilt „=" genau dann wenn $a = b$ ist, weil dann $a = b = \min\{a, b\}$ gilt. Ebenso gilt in (13.6) Gleichheit genau dann, wenn $a = b$ gilt.

h) Das zweite Ungleichheitszeichen in (7.3) beweist man durch Äquivalenzumformungen. Von links nach rechts: $+4ab$, $: 4$, Quadratwurzel. (Im Allgemeinen stellt das Ziehen der Quadratwurzel natürlich keine Äquivalenzumformung dar. Hier ist das anders, weil wegen $a, b > 0$ auch $a + b, ab > 0$ gilt.) In Gl. (13.7) und (13.8) bedeutet ‚⇔‘, dass beide Aussagen äquivalent sind, d. h. dieselbe

Lösungsmenge besitzen $(a, b > 0)$.

$$\big((a - b)^2 \geq 0\big) \Leftrightarrow \big(a^2 + 2ab + b^2 \geq 4ab\big)$$
$$\Leftrightarrow \left(\frac{(a + b)^2}{4} \geq ab\right) \Leftrightarrow \left(\frac{a + b}{2} \geq \sqrt{ab}\right) \quad (13.7)$$

Aus dem ersten Term in (13.7) folgt, dass Gleichheit genau für $a = b$ gilt.

i) Auch das dritte Ungleichheitszeichen in (7.3) beweist man durch Äquivalenzumformungen. Von links nach rechts: $+2ab$, $+a^2 + b^2$, Quadratwurzel (vgl. h)), $: 2$.

$$\big((a - b)^2 \geq 0\big) \Leftrightarrow \big(a^2 + b^2 \geq 2ab\big) \Leftrightarrow \big(2a^2 + 2b^2 \geq (a + b)^2\big)$$
$$\Leftrightarrow \left(\sqrt{2(a^2 + b^2)} \geq a + b\right) \Leftrightarrow \left(\sqrt{\frac{a^2 + b^2}{2}} \geq \frac{a + b}{2}\right) (13.8)$$

Aus dem ersten Term in (13.8) folgt, dass Gleichheit genau für $a = b$ gilt. Damit ist Satz 7.1 vollständig bewiesen.

Die Ungleichungen (7.3) und (7.5) kann man um das harmonische Mittel erweitern; siehe z. B. (Engel 1998, S. 161 und 163). Dort findet man auch einen Beweis von Satz 7.2.

Die letzten Aufgaben behandeln Extremwertprobleme. Obwohl inhaltlich verschieden, gleichen sich die Lösungsstrategien: Zunächst wird bewiesen, dass eine Zielgröße $\geq$ oder $\leq$ einer bestimmten Schranke ist. Dann wird gezeigt, dass für die gesuchte Lösung (Zielgröße nimmt Minimum bzw. Maximum an) Gleichheit gilt.

j) Für das größtmögliche Beet muss $2a + b = 6$ gelten, weil man sonst (z. B.) b größer wählen könnte. (Hier und in der Musterlösung von Aufgabe k) lassen wir die Einheit m weg.) Aus der GM-AM-Ungleichung folgt

$$3 = \frac{2a + b}{2} \geq \sqrt{(2a)b} = \sqrt{2ab} \quad (13.9)$$

Wenn für die Seitenlängen a und b in (13.9) Gleichheit gilt, so ist der Flächeninhalt ab maximal. Aus Satz 7.1 folgt, dass dies (nur) für $2a = b$ der Fall ist. Einsetzen ergibt $6 = 2a + b = 2a + 2a = 4a$, also $a = 1,5$ und $b = 3$. Der maximale Flächeninhalt beträgt $4,5 \, \text{m}^2$.

k) Die Oberfläche des Quaders beträgt $2(xy + yz + zx)$, und aus Satz 7.2 (GM-AM-Ungleichung, für $n = 3$ und $a_1 = xy, a_2 = yz, a_3 = zx$) folgt wegen $xyz = 8$

$$2\,(xy + yz + zx) = 6 \left(\frac{xy + yz + zx}{3} \right) \geq 6 \sqrt[3]{xyyzzx}$$

$$= 6 \sqrt[3]{(xyz)^2} = 6 \sqrt[3]{64} = 24 \qquad (13.10)$$

Gleichheit gilt, falls $xy = yz = zx$. Aus $xy - yz = y(x - z) = 0$ und $yz - zx = z(y - x) = 0$ folgt $x = y = z$. Also ist $x^3 = 8$ und damit $x = y = z = 2$ (cm). Die Oberfläche des Quaders ist (genau dann) minimal, wenn der Quader ein Würfel ist. Sie beträgt $24\,\mathrm{cm}^2$.

l) Aus Satz 7.2 (GM-QM-Ungleichung, $n = 3$) folgt

$$10 = \sqrt[3]{xyz} \leq \sqrt{\frac{x^2 + y^2 + z^2}{3}} \qquad (13.11)$$

Es ist also stets $\sqrt{\frac{S}{3}} \geq 10$, oder gleichwertig dazu, $S \geq 300$.

m) Das Tripel (x, y, z) minimiert $S = x^2 + y^2 + z^2$ genau dann, wenn es $\sqrt{\frac{S}{3}}$ minimiert, also den rechten Term in Gl. (13.11). Satz 7.2 besagt, dass $\sqrt{\frac{S}{3}} = 10$ bzw. $S = 300$ genau dann gilt, falls $x = y = z = 10$. Justus vermutete Lösung ist also richtig, und sie stellt sogar die einzige Lösung des alten MaRT-Falls dar.

Mathematische Ziele und Ausblicke

Ungleichungen spielen u. a. in der Zahlentheorie und bei geometrischen Fragestellungen eine wichtige Rolle. Meier (2003) widmet Ungleichungen zwei Kapitel. Eine tiefergehende Behandlung mit vielen Übungsaufgaben findet man in Engel (1998, Kap. 7). Ungleichungsaufgaben treten regelmäßig bei den Österreichischen Mathematik-Olympiaden auf Baron et al. (2019) (Nr. 2, 21, 39, 75, 110, 128, 145, 163 u. v. m.) und kommen gelegentlich auch bei den Mathematik-Olympiaden vor (Mathematik-Olympiaden e. V., 1996–2016, 2017–2021) (vgl. z. B. die Aufgaben 431334, 451022, 480935, 561024).

Was Sie aus diesem *essential* mitnehmen können

Dieses Buch stellt sorgfältig ausgearbeitete Lerneinheiten mit ausführlichen Musterlösungen für eine Mathematik-AG für begabte Schülerinnen und Schüler in der Mittelstufe bereit. In sechs mathematischen Kapiteln haben Sie

- gelernt, wie man mit vollständiger Induktion Beweise in unterschiedlichen mathematischen Gebieten führen kann.
- verschiedene Sachverhalte aus der Elementargeometrie wiederholt, den Peripheriewinkelsatz und den Mittelpunktswinkelsatz kennengelernt und in verschiedenen Anwendungsaufgaben selbst angewendet.
- den binomischen Lehrsatz und Verallgemeinerungen der binomischen Formeln bewiesen und in unterschiedlichen Anwendungskontexten selbst angewendet.
- die GM-AM-QM-Ungleichung kennengelernt und selbst angewendet.
- gelernt, dass in der Mathematik Beweise notwendig sind, und Sie haben Beweise in unterschiedlichen Anwendungskontexten selbst geführt.

© Der/die Herausgeber bzw. der/die Autor(en), exklusiv lizenziert an Springer-Verlag GmbH, DE, ein Teil von Springer Nature 2022
S. Schindler-Tschirner und W. Schindler, *Mathematische Geschichten V – Binome, Ungleichungen und Beweise,* essentials, https://doi.org/10.1007/978-3-662-65405-7

Literatur

Akademie von Straßburg. (1989–2021). Mathematik ohne Grenzen. maths-msf.site.ac-strasbourg.fr/ (französische Original-Webseite); https://lw-mog.bildung-rp.de/ (Bildungsserver Rheinland-Pfalz).

Amann, F. (2017). *Mathematikaufgaben zur Binnendifferenzierung und Begabtenförderung. 300 Beispiele aus der Sekundarstufe I.* Springer Spektrum.

Bardy, T., & Bardy, P. (2020). *Mathematisch begabte Kinder und Jugendliche. Theorie und (Förder-)Praxis.* Springer Spektrum.

Baron, G., Czakler, K., Heuberger, C., Janous, W., Razen, R., & Schmidt, B. V (2019). *Österreichische Mathematik-Olympiaden 2009–2018. Aufgaben und Lösungen.* Eigenverlag.

Bruder, R., Hefendehl-Hebeker, L., Schmidt-Thieme, B., & Weigand, H.-G. (Hrsg.). (2015). *Handbuch der Mathematikdidaktik.* Springer Spektrum.

Dangerfield, J., Davis, H., Farndon, J., Griffith, J., Jackson, J., Patel, M., & Pope, S. (2020). *Big Ideas. Das Mathematik – Buch.* Dorling Kindersley.

https://www.mathematik.de/schuelerwettbewerbe Webseite der Deutschen Mathematiker-Vereinigung. Zugegriffen: 24. Jan. 2021.

Engel, A. (1998). *Problem-solving strategies.* Springer.

Enzensberger, H. M. (2022). *Der Zahlenteufel. Ein Kopfkissenbuch für alle, die Angst vor der Mathematik haben* (1. Aufl.). Hanser.

Glaeser, G. (2014). *Geometrie und ihre Anwendungen in Kunst, Natur und Technik* (3. Aufl.). Springer Spektrum.

Glaeser, G., & Polthier, K. (2014). *Bilder der Mathematik* (2. Aufl.). Springer Spektrum.

Institut für Mathematik der Johannes-Gutenberg-Universität Mainz, Monoid-Redaktion. (Hrsg.). (1981–2022). *Monoid – Mathematikblatt für Mitdenker.* Institut für Mathematik der Johannes-Gutenberg-Universität Mainz, Monoid-Redaktion.

Jainta, P., Andrews, L., Faulhaber, A., Hell, B., Rinsdorf, E., & Streib, C. (2018). *Mathe ist noch mehr. Aufgaben und Lösungen der Fürther Mathematik-Olympiade 2012–2017.* Springer Spektrum.

Jainta, P., & Andrews, L. (2020a). *Mathe ist noch viel mehr. Aufgaben und Lösungen der Fürther Mathematik-Olympiade 1992–1999.* Springer Spektrum.

Jainta, P., & Andrews, L. (2020b). *Mathe ist wirklich noch viel mehr. Aufgaben und Lösungen der Fürther Mathematik-Olympiade 1999–2006.* Springer Spektrum.

S. Schindler-Tschirner und W. Schindler, *Mathematische Geschichten V – Binome, Ungleichungen und Beweise*, essentials, https://doi.org/10.1007/978-3-662-65405-7

Joklitschke, J., Rott, B., & Schindler, M. (2018). Mathematische Begabung in der Sekundarstufe II – die Herausforderung der Identifikation. In U. Kortenkamp & A. Kuzle (Hrsg.), *Beiträge zum Mathematikunterricht 2017* (S. 509–512). WTM.

Krutezki, W. A. (1968). Altersbesonderheiten der Entwicklung mathematischer Fähigkeiten bei Schülern. *Mathematik in der Schule, 8,* 44–58.

Löh, C., Krauss, S., & Kilbertus, N. (Hrsg.). (2019). *Quod erat knobelandum. Themen, Aufgaben und Lösungen des Schülerzirkels Mathematik der Universität Regensburg* (2. Aufl.). Springer Spektrum.

Mathematik-Olympiaden e. V. Rostock. (Hrsg.). (1996–2016). *Die 35. Mathematik-Olympiade 1995/1996 – die 55. Mathematik-Olympiade 2015/2016.* Hereus.

Mathematik-Olympiaden e. V. Rostock. (Hrsg.). (2017–2021). *Die 56. Mathematik-Olympiade 2016/2017 – die 60. Mathematik-Olympiade 2020/2021.* Adiant Druck.

Meier, F. (Hrsg.). (2003). *Mathe ist cool! Junior. Eine Sammlung mathematischer Probleme.* Cornelsen.

Menzer, H., & Althöfer, I. (2014). *Zahlentheorie und Zahlenspiele: Sieben ausgewählte Themenstellungen* (2. ,Aufl.). De Gruyter & Oldenbourg.

Müller, E., & Reeker, H. (2001). *Mathe ist cool!. Eine Sammlung mathematischer Probleme.* Cornelsen.

Neubauer, A., & Stern, E. (2007). *Lernen macht intelligent. Warum Begabung gefördert werden muss.* DVA.

Noack, M., Unger, A., Geretschläger, R., & Stocker, H. (Hrsg.). (2014). *Mathe mit dem Känguru 4. Die schönsten Aufgaben von 2012 bis 2014.* Hanser.

Oswald, F. (2002). *Begabtenförderung in der Schule. Entwicklung einer begabtenfreundlichen Schule.* Facultas Universitätsverlag.

Rott, B., & Schindler, M. (2017). Mathematische Begabung in den Sekundarstufen erkennen und angemessen aufgreifen, Ein Konzept für Fortbildungen von Lehrpersonen. In J. Leuders, T. Leuders, S. Prediger, S. Ruwisch (Hrsg.), *Mit Heterogenität im Mathematikunterricht umgehen lernen* (S. 235–245). Springer Fachmedien.

Schindler-Tschirner, S., & Schindler, W. (2019a). *Mathematische Geschichten I – Graphen, Spiele und Beweise. Für begabte Schülerinnen und Schüler in der Grundschule.* Springer Spektrum.

Schindler-Tschirner, S., & Schindler, W. (2019b). *Mathematische Geschichten II – Rekursion, Teilbarkeit und Beweise. Für begabte Schülerinnen und Schüler in der Grundschule.* Springer Spektrum.

Schindler-Tschirner, S., & Schindler, W. (2021a). *Mathematische Geschichten III – Eulerscher Polyedersatz, Schubfachprinzip und Beweise. Für begabte Schülerinnen und Schüler in der Unterstufe.* Springer Spektrum.

Schindler-Tschirner, S., & Schindler, W. (2021b). *Mathematische Geschichten IV – Euklidischer Algorithmus, Modulo-Rechnung und Beweise. Für begabte Schülerinnen und Schüler in der Unterstufe.* Springer Spektrum.

Schindler-Tschirner, S., & Schindler, W. (2022). *Mathematische Geschichten VI – Kombinatorik, Polynome und Beweise. Für begabte Schülerinnen und Schüler in der Mittelstufe.* Springer Spektrum.

Schülerduden Mathematik I – Das Fachlexikon von A-Z für die 5. bis 10. Klasse. (2011). (9. Aufl.). Dudenverlag.

Schülerduden Mathematik II – Ein Lexikon zur Schulmathematik für das 11. bis 13. Schuljahr. (2004). (5. Aufl.). Dudenverlag.

Singh, S. (2001). *Fermats letzter Satz. Eine abenteuerliche Geschichte eines mathematischen Rätsels* (6. Aufl.). dtv.

Specht, E., Quaisser, E., & Bauermann, P. (Hrsg.). (2020). *50 Jahre Bundeswettbewerb Mathematik. Die schönsten Aufgaben.* Springer Spektrum.

Specht, E., & Stricht, R. (2009). *Geometria – scientiae atlantis 1. 440+ mathematische Probleme mit Lösungen* (2. Aufl.). Koch-Druck.

Stewart, I. (2020). *Größen der Mathematik. 25 Denker, die Geschichte schrieben* (2. Aufl.). Rowohlt Verlag GmbH.

Strick, H. K. (2017). *Mathematik ist schön: Anregungen zum Anschauen und Erforschen für Menschen zwischen 9 und 99 Jahren.* Springer Spektrum.

Strick, H. K. (2018). *Mathematik ist wunderschön: Noch mehr Anregungen zum Anschauen und Erforschen für Menschen zwischen 9 und 99 Jahren.* Springer Spektrum.

Strick, H. K. (2020a). *Mathematik ist wunderwunderschön.* Springer Spektrum.

Strick, H. K. (2020b). *Mathematik – einfach genial! Bemerkenswerte Ideen und Geschichten von Pythagoras bis Cantor.* Springer Spektrum.

Ulm, V., & Zehnder, M. (2020). *Mathematische Begabung in der Sekundarstufe. Modellierung, Diagnostik, Förderung.* Springer Spektrum.

Ullrich, H., & Strunck, S. (Hrsg.). (2008). *Begabtenförderung an Gymnasien. Entwicklungen, Befunde, Perspektiven.* VS Verlag.

Unger, A., Noack, M., Geretschläger, R., & Akveld, M. (Hrsg.). (2020). *Mathe mit dem Känguru 5. 25 Jahre Känguru-Wettbewerb: Die interessantesten und schönsten Aufgaben von 2015 bis 2019.* Hanser.

Verein Fürther Mathematik-Olympiade e. V. (Hrsg.). (2013). *Mathe ist mehr. Aufgaben aus der Fürther Mathematik-Olympiade 2007–2012.* Aulis.

Weigand, H.-G., Filler, A., Hölzl, R., Kuntze, S., Ludwig, M., Roth, J., Schmidt-Thieme, B., & Wittmann, G. (2018). *Didaktik der Geometrie für die Sekundarstufe I* (3. erw. u. überarb. Aufl.. Springer Spektrum.

Wurzel – Verein zur Förderung der Mathematik an Schulen und Universitäten e. V. (1967–2021). Die Wurzel – Zeitschrift für Mathematik. https://www.wurzel.org/.

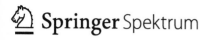
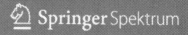

Printed in the United States
by Baker & Taylor Publisher Services